「創意可以解決幾乎所有問題
——創意行動與原創力
對習慣的打擊會戰勝一切。」

喬治・路易斯（GEORGE LOIS）

U0014778

一九五九年
恆美廣告（Doyle Dane Bernbach）時期

一九六四年
PKL廣告（Papert Koenig Lois）時期

一九七○年
LHC廣告（Lois Holland Callaway）時期

一九七八年
LPG廣告（Lois Pitts Gershon）時期

一九八五年
路易斯／美國廣告（Lois/USA）時期

二○○二年
善緣創意（Good Karma Creative）時期

「在應該表達異議時卻以緘默抗命，這是懦夫的行為。」

亞伯拉罕‧林肯（Abraham Lincoln）

一九五一年，我接受徵召進入陸軍服役，來到種族歧視色彩濃厚的美國南方。在戈登營地（Camp Gordon）的第一天，清晨六點鐘的早點名這樣進行著：「瓊斯！」「在！」「傑克森！」「在！」「隆斯崔特！」「在！」「路易斯！」「有！」解散之後，少校一臉漲紅把我攔住：「剛剛的『有』是怎麼一回事，大兵？」「回答點名，長官。」「為什麼答『有』，大兵？」「這個嘛，南方人都說『在』──但我是從紐約來的，所以我答『有』！」少校挨過身來，從他緊咬的牙齒間迸出了一句話，「噢，又是個紐約佬、猶太玻璃、黑鬼迷！」我整個人繃緊了神經，一字不差地這般回答他：「去你媽的，長官！」於是我被處以十四個禮拜的私刑，接著就被送往韓國的戰場（謝了，亞伯拉罕‧林肯！）。

我出身於希臘家庭、卻從小成長於種族意識高漲的愛爾蘭街坊，後來再加上我是一介菜鳥大兵、卻必須在對亞洲文化進行屠殺的軍隊裡求生存，這些經歷都讓我──而且是扎扎實實地逼著我──在返鄉之後，成為一個決意要覺醒、反亂、背骨、煽動、挑釁的「平面設計傳播者（graphic communicator）」。

只要一有機會，我總是無畏直言──對抗「權威」、不公的法庭、警方的騷擾、公民自由不斷的淪喪、消費貧弱圖利權富的政府、以及美國永無休止的戰爭──我創作平面圖像，為民族、宗教、種族的不公義而戰鬥；我總是站在保守、制約、種族主義社會的對立面扮演著清明的角色……我是一個文化挑釁者。

對我來說，真正的創意精神就是打一場美好的仗，絕不搞騙術……要創造經典。

喬治・路易斯在LHC廣告公司
向客戶作簡報,一九七五年。

1.
其實人只分為四種類型。
看看你自己是哪一種：

1 **聰明又肯做**

（真是完美。）

2 聰明卻懶惰
（也太可惜了吧。）

3 愚蠢又懶惰
（反正你只管兩手一攤，沒用的傢伙。）

4 愚蠢卻肯做
（噢噢，你麻煩大了。）

如果你是第一種或第二種人，
這本書會讓你獲益甚深。
但假使你是第三種或第四種人，
你又何必看這本書呢？

2.
「這就是我，
我就是這樣，
大爺我正是大力水手卜派。」

不論你是男性、女性、非裔、西班牙裔、美洲原住民、亞裔、少數民族、或同性戀（還有不論你在哪裡工作），你就是你，你就是這樣——你要深切以自己為榮。不要改名換姓，不要調整你的口音，不要捏造你的家世背景，更不要嫌棄自己出身低。
真實面對自己，這個世界就會擁抱真實的你。

3.
追求你的至樂。

美國極富智慧的神話學家兼哲學家約瑟夫·坎貝爾 (Joseph Campbell) 曾經就辛克萊·路易斯 (Sinclair Lewis) 的小說《巴比特》(Babbit，一九二二年) 說過這麼一段話：「還記得書中最後一段寫的嗎？『我這輩子從來沒做過一件自己真心想做的事。』這傢伙從來沒有追求他的至樂 (bliss)。」在這段話當中，坎貝爾透露了快樂、富足、與成功生活的祕訣：追求你的至樂。你要窮盡一生去做你喜愛的事情，以你的心、意、與本能熱切地、完整地投入。至樂就存在我們大多數人們的靈魂之中，你愈快找到它，你就愈能擁有真正成功的人生。

我的反標語：「喬治，小心啊！」

在一個風雨交加的黑夜裡，我躺在嬰兒床上仰望，聽見上帝對我說：「喬治，小心為上。」（這我可是記得清清楚楚。）我的童年回憶裡總是不斷浮現我那希臘老媽——瓦希莉基·薩納蘇莉·路易斯（Vasilike Thanasoulis Lois）——的碎嘴叮嚀：「喬治，小心啊。」這句話後來也經常出現在我的人生當中——有許多充滿善意、但對於我的人生與工作態度不曾加以理解的人們，會給我這個真誠的忠告。在創意行動裡，「小心謹慎」保證會產生雷同與平庸的結果，也就是說你的作品等著被無視吧。**魯莽強於謹慎；大膽勝過安全。假使你的作品沒有辦法讓人看見而且過目難忘，那麼你就等於已經出局了。**這是沒得商量的。

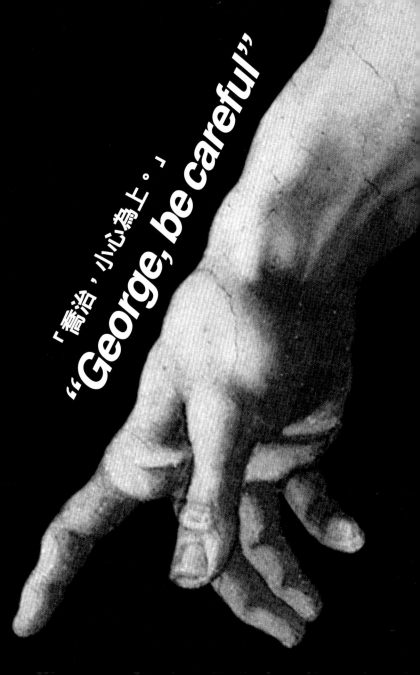

「喬治，小心為上。」

"George, be careful"

5.
十四歲那一年,我有一個
影響我一生的頓悟。
說不定你也會有!

二十世紀初期,卡基米爾・馬列維齊 (Kazimir Malevich) 改變了現代藝術的未來,將蘇聯的前衛派帶入純粹抽象的世界。三十年後,我成為曼哈頓「音樂與藝術中學 (High School of Music & Art)」的新生,每天的基礎設計課都得創作一些相似的作品。我們把馬列維齊 (或克利、貝爾、亞伯斯,不然就蒙德里安) 學得愈像,派特森老師 (Mr. Patterson) 就愈喜歡。無一聊一透一頂!

到了這學年的最後一堂課,嚴格的派特森老師再次要求我們只能以長方形在18×24的畫板上作設計,他說這就是期末考──然後我出招了。正當其他二十六位同學瘋狂地工作、不停剪剪貼貼的同時,我坐在那兒一動也不動。派特森老師會在教室裡四處走動,從每個人身後打量他們的作品。他盯著我,似乎愈看愈不爽。終於時間到了。他將所有人完成的作品一件件收起來,怒火也逐漸升高。就在他上前要拿走我完全空白的畫板時,我一個伸出手臂的動作打斷了他,接著在左下角空白處若無其事地簽下「G. Lois」。他驚呆了。我竟然「創作」出最厲害的18×24長方形設計!

我自己從中學到一件事──我的作品必須要新奇、與眾不同、看起來驚世駭俗。自此之後,我便了解沒有什麼會比一個靈感要來得令人興奮。

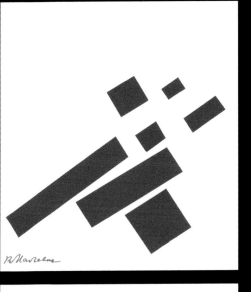

卡基米爾·馬列維齊
一九一五年

喬治·路易斯，
一九四五年

喬治·路易斯，
一九九一年

6.
少了必要的想法，世界上所有工具都毫無意義。

不論是藝術家、廣告人、還是任何創意產業的相關人員（或甚至是非創意產業的醫生、律師、電工、工廠作業員、或總統），只要少了想法，都會像是繳了械一樣。在平面設計裡，當創作者憑藉著大腦與直覺生出一個原創的想法時，概念、圖像、文字、與藝術會形成神祕又巧妙的混合體（甚至它們可能會並存而不混合），進而造就出一股神奇的力量，這時一加一當然就會變成三了。

7.
但從事創意卻沒有貫徹工作倫理，這是我所沒有辦法想像的。

假使你在工作了一天之後沒有累癱，那你跟個廢人差不了多少！人們看我工作總是會問我為什麼我沒有筋疲力竭、我如何（尤其是我現在這把年紀）讓自己保持精力充沛。事實上，我每天下班時都累得半死，因為我已經將自己完完全全地投入工作——包括精神上、心理上、還有身體上。我晚上回家的時候總是搞到頭昏眼花，但我非常喜歡這種氣力放盡的感覺：那是一種將自己的能耐發揮到極致所帶來的狂喜感。在一夜休息充電之後，第二天早上我便準備好要上工了。人生不是就該如此嗎？

8.
永遠要勇於嘗試「大創意」（Big Idea）。

廣告裡的「大創意」會將產品的優點烙印在觀眾的腦海裡與心裡，進而帶來銷售量的爆炸性成長。要成為傳播大師，你的文字與圖片必須抓住人們的目光，滲透他們的思想，溫暖他們的心靈，並且讓他們採取行動！翻開我所寫的任何一本書，裡頭有好幾百個我所作過的廣告案例，它們全都驗證了我一向堅持的原則：出色的廣告本身會成為產品的優點。身為企業家，不論是在新創公司或在任何創意產業當中，永遠要勇於嘗試「大創意」。

9.
所有創意都應該在瞬間讓人心領神會。

當然，最出色的廣告、海報、包裝、雜誌封面、書本封面、標誌設計等，都必須瞬間與人們的大腦、心意相通並且被記住。我在一九六○年為「咳定（Coldene）」咳嗽糖漿設計的極簡風格廣告，對於當時翻開《生活》（Life）與《看》（Look）兩本雜誌的讀者來說肯定是個視覺震撼彈。一對躺在床上即將入眠的夫妻被孩子的咳嗽聲吵醒，他們之間「前女性主義（pre-feminism）」的巧妙對話在廣告界掀起了一陣熱議。廣告裡沒有產品，沒有標誌，也沒有圖表。

在商業世界裡，又臭又長、不知所云、笨拙愚鈍的呈現方式儼然是一種常態。就在你讀著這段文字的時候，有無數的演說、簡報圖檔、以及即興談話已經要把觀眾們搞到精神分裂了。請你了解：假使你沒有辦法簡要且出人意表地表達你的想法——也就是視覺上能讓它在瞬間被人心領神會——那麼它就算不上是什麼「大創意」。

"John,
is
that
Billy
coughing?"

「約翰，那是比
利在咳嗽嗎？」

"Get up
and
give
him
some
Coldene."

「妳起床去弄
點咳定給他喝
吧。」

10.
我的第一條誡命：
文字為先，再談視覺。

當年輕一輩的藝術指導們希望我透露我創作廣告的「秘方」時，我回答……先從文字下手吧！這個忠告來自於《聖經》，自然是無可動搖——這也是我的第一條誡命。許多人以為藝術指導通常沒唸什麼書，也覺得他們理當是從視覺的角度在思考的——而大部份藝術指導也確實如此。他們會翻遍各種雜誌找尋視覺元素，也不管是否有關聯或恰不恰當，只要能幫自己找到「起頭」的靈感就好。很遺憾，藝術指導們多半不會好好坐著嘗試寫下他們的靈感：他們只是兩手一攤等著文案送上文字，而這個過程通常也不是透過視覺來醞釀。相對之下，有一小部份傑出的藝術指導們本身就是那些精彩廣告標語的作者——或者他們會與天賦過人的文案密切合作，共同召喚出創意。反過來說，就算文案採獨立作業，他的文字也必須要與視覺上的刺激要素相輔相成——因為

只有充滿各種視覺可能性的文字
才能呈現好的廣告創意，讓文字與視覺圖像
激盪出完美的綜效。

如果你身為藝術指導，記住我的話：每一則平面廣告、電視廣告、廣告活動都掌握在「你的」手裡——那是你的孩子。但假使你是廣告文案，你就得找個天才視覺傳播者好好搭檔合作才行！

《約翰福音》1：1。
《欽定版聖經》（King James Bible）

IN THE BEGINNING WAS THE WORD

太初有道。

11.
「真抱歉，我本該
寫封較短的信給你，
但我實在沒有時間。」

Abraham Lincoln. 亞伯拉罕・林肯

美國總統亞伯拉罕・林肯在一八六三年內戰期間發表了著名的《蓋茨堡演說》（Gettysburg Address），全長不到三分鐘的演說文只有十個句子（其中包括他琢磨再三所寫下的兩百七十二個字）。不久之後，他寫了封字跡密密麻麻的長信給一位朋友。他在上述的抱歉文裡透露了自己沒有時間好好思索、修改、編輯他寫的信，這是我所讀過關於「好的寫作」最清楚明白的指導方針。保持語句簡短、達意、扼要、文雅，讓每個字各有作用。但是記得：重點不在語句有多短，而在於你如何讓它變短。

思考要長；下筆要精。

12.
「是言語沒辦法清楚
表達我的感受。」

這招從來沒失敗過。當我在世界各地的學校或設計研討會上演講時，總會有人問我這個問題：「在創意圈子裡，有良好的口語表達能力是很重要的嗎？大部分的『藝術家』們是不是都有獨力溝通上的問題？」噢，是嗎？我會用我濃濃的紐約腔回應：「是言語沒辦法清楚表達我的感受。」我這說法聽起來有點自以為聰明，但其實我要表達的是——**假使你沒辦法熱切又簡潔地說明你的創意，那你就別玩了！**

13.
別期望創意點子
會從你的電腦裡蹦出來。

我看過無數所謂創意「專家」（和「所有」設計科系學生）在電腦上流連，他們瘋狂地瀏覽、搜尋，祈求能找到靈感。對著螢幕仔細看，再看仔細——裡頭什麼也沒有！你自己的腦子裡沒有創意，電腦也只是台空洞的速度機器，盡生產些沒來由的把戲、內容匱乏的形式、或者形式毫無意義的內容。電腦再怎麼厲害也沒辦法對「大創意」的成形有所啟發。**所以你必須先不靠電腦生出創意，然後才能在電腦前面坐下來。你總不能還不會走就想跑吧。**

"Duh!"
「廢話！」

14.
趨勢永遠是個陷阱。

廣告與行銷是門藝術，因此每一個新問題或挑戰的解決方案都應該始於一片空白的畫布與完全開放的心胸，而不是緊張兮兮地借用他人平庸的成果。「趨勢」就是這麼一回事——找尋「安全」的事物——這也是為什麼依賴趨勢最終只會被逐漸淡忘。每當新的一年到來，媒體開始找尋迴異於過去、並且有報導價值的事物，我總是會被美國各大新聞週刊記者問道：「你覺得接下來這一年的廣告趨勢會是什麼？」我的答案永遠和前一年所說的一樣：「殺了我吧，我總得做了才知道。」趨勢是惡霸，是陷阱。在任何創意產業，至少對我來說，其他人都往同一個方向移動總是驗證了一件事，那就是——**新的方向才是唯一的方向。**

15.
創意不是被創造出來的，它就在那兒等待我們去發現——
那是一種「探索」。

偉大的廣告其實就是「大創意」的表現，但我的作品裡那些別具特色的創意可從來不是我創造出來的。應該說我發現了它們——就在它們從我身旁漂浮而過的時候，我把它們從空中捕捉了下來。（米開朗基羅曾經說雕像只是被囚禁在大理石塊裡，唯有偉大的雕刻家才能讓它們自由。）或許這聽起來有點玄，但在做完了解產品與競爭對手等必要的功課之後，我的廣告創意似乎就被人類七千年歷史的火花與聲響給點燃了。柏拉圖將「理念」（Idea，或eidos）定義為一種心智圖像。我並沒有在腦海中創造出這樣的心智圖像。我是透過心眼看見它從我身旁漂浮而過；我只是伸手把它抓住而已。因此，假使你希望自己能在任何創意產業裡成就偉大，就走進世界、航向蔚藍大海，過著「探索」的生活吧。

克里斯多福·哥倫布
（Christopher Columbus）
塞巴斯蒂亞諾·德·皮翁博
（Sebastiano del Piombo），
一五二〇年

何必自限於當個創意思考者——
你有能耐成為文化挑釁者啊！

出色的圖像和言語傳播，取決於對文化的了解及適應、對文化發展的預期、以及對文化變遷的批判與推波助瀾。任何創業家、發明家、藝術家、平面設計師、廣告人、時裝設計師、建築師、編輯、醫師、律師、政治家——任何直覺要與保守說教的社會相抗、離經叛道，並且對當代思維有所認知的人——都有辦法成為「文化挑釁者（cultural provocateur）」。因此，假使你在工作與生活上都是一個具有創業家精神、渴求成功的年輕人，你就不該保持沉默；覺醒、反亂、傳播、掌控、煽動、甚至挑釁，這些才是你的使命。

文森・梵谷
(Vincent van Gogh) 的
《藝術家的肖像》
(Portrait of the Artist)，
一八八九年
喬治・路易斯，二〇一一年

17.
「大創意」可以改變世界文化。

雖然「音樂電視網（Music Television，以下稱MTV）」現在被認為「根本就是理所當然存在的事物」，但實際上經過第一年的營運，MTV陷入了失敗的悲慘窘境。然而到了一九八二年，開始有搖滾樂迷打電話給各地的有線電視業者並且咆哮著：「我要我的MTV。（I want my MTV.）」搞到業者們都受不了，紛紛打電話給華納愛美克斯有線電視網（Warner Amex cable-TV network），拜託他們不要再播放我的廣告了，因為他們完全沒有足夠的接線人員來應付大量湧進的電話。華納愛美克斯立刻從善如流。MTV不但活了下去，而且還大紅大紫。

在此之前幾個禮拜，我向MTV的高階主管們簡報了我的廣告創意，他們堅稱不可能會有搖滾巨星願意支持MTV，因為音樂出版商擔心MTV的概念會扼殺了他們的產業；唱片公司發誓他們絕對不會拍攝任何音樂錄影帶；廣告客戶們認為這根本是個笑話；廣告代理商紛紛在私底下竊笑著；而有線電視業者根本嗤之以鼻。但我打了通求救電話到倫敦，說服米克‧傑格（Mick Jagger）出手幫忙（無償的）——早在這個搖滾壞小子受封為爵士的二十年前，我就已經奉米克爵士為MTV的守護聖人了。這支傑格拿著電話筒說出「我要我的MTV」的廣告才播放幾個星期，全美國所有搖滾明星便都找上門來，拜託著讓他們能夠對全世界發聲「我要我的MTV」。

這一課告訴我們（大多數廣告公司倒是從來沒搞懂過）——**出色的廣告可以造就行銷奇蹟！**

"I want my MTV"

MUSIC TELEVISION

18.

「所有工作任務，不論是設計一則新廣告、海報、品牌名、信紙標頭、火柴包裝——甚至是放在大樓外牆上的號碼，其中自有偉大的解決方案、絕妙的『大創意』。」

我曾經在我教授的課堂上如此大力強調。一個星期後，某房地產公司找上我，要我幫「20時代廣場（20 Times Square）」設計一個識別標誌。這就好像是上帝在叫我「要嘛做給人家看，不然就乖乖閉嘴」。過去幾個世紀來人們設計出許多漂亮的識別標誌，但它們單純就是標誌，稱不上是什麼「大創意」。我的老天鵝呀——這下我是要上哪找到設計「20時代廣場」標誌的絕妙靈感呢？！我知道了——就是一個20、一個乘號、再加上一個正方形（square）！

我自始至終都堅持我從來不曾「創造」任何創意。
得到「大創意」並不是靈感的啟發，而是一種探索發現的行動（見第十五則）。
我替「20時代廣場」設計的識別標誌證明了我此言不虛。

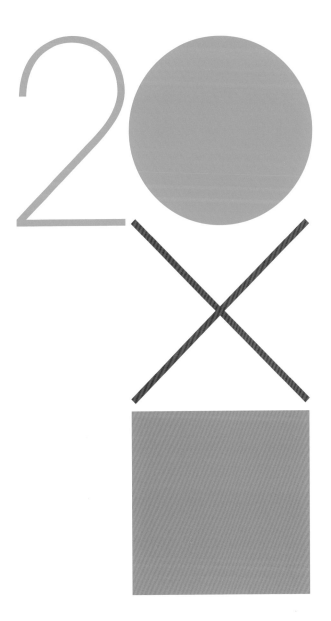

19.
你可以小心翼翼，
也可以充滿創意
（但沒有「小心翼翼
發揮創意」這回事）。

一個創意思考者必須無所畏懼。

假使你躊躇多於果斷，謹慎強過創意，你永遠沒辦法成為一個創新的企業領袖，當然也不會是一位傑出的視覺傳播者。

「小心翼翼發揮創意（Cautious Creative）」根本是一種矛盾的說法。

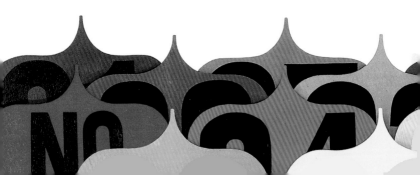

20.
但請務必記住，
你是在努力要把東西賣出去。
所以儘管叫賣就是了！

我們生活在一個羞怯的年代，學生與年輕後進們所受的「教育」，讓他們相信廣電廣告與平面廣告不應該看起來、或體驗起來真的像是廣告！但是好的廣電或平面廣告本來就該大剌剌地宣稱這是一則商業訊息，我們就是要賣你東西——不是靠疲勞轟炸，而是要讓你被深深吸引！人們喜歡被推銷商品；他們完全了解銷售的藝術是透過廣告的大眾藝術樣式在呈現的，只是當他們在回答研究問題時，大多數人還是會堅稱他們討厭廣告——相信我，**廣告做得好，收銀機自然就會響個不停了。**

「廣告，」我回答，
「是一種毒氣！」

我曾經參加一個全國性的脫口秀節目《大衛薩斯金德秀》（The David Susskind Show），和另外兩位大型廣告公司的CEO一同受訪聊聊關於廣告的話題。薩斯金德開頭就問我們：「各位先生，什麼是廣告？」其中一位西裝筆挺的紳士花了大約五分鐘的時間自顧自地回答了這個問題，活像個在講授行銷學的大學榮譽教授。第二位專家顯然深受感動，他盛讚這段談話為廣告作了極為簡要的說明。我聽著這兩大巨頭高談闊論，椅子愈坐愈深，白眼也愈翻愈後面。薩斯金德看我這副德行，問我：「喬治，你為什麼有這樣的表情？你對這兩位先生的說法不以為然嗎？」我將身子往前傾，說：「我想這兩位和我不是同行的吧。」薩斯金德對於我把挑釁者的角色往自己身上攬覺得頗有意思。他很感興趣地問我：「那麼，你又是怎麼看待廣告的呢？」「廣告，」我回答，「是一種毒氣。**它要能讓你眼睛流淚、精神錯亂、引起你的共鳴。**」通訊媒體擷取了我這段簡短有力的答話，立刻將它印在全國各大報紙上。「廣告人說廣告是一種毒氣，」標題是這麼下的。柏拉圖和斯賓諾莎（Spinoza）或許能夠描述造就偉大創意的推理過程，但是製造毒氣──或者說讓你大吃一驚的出色廣告──可不是他們做得來的。

POISON GAS

22.
你永遠不會
從錯誤中學到任何東西！

沒有人是完美的。我不是為了打犧牲短打才揮棒的；我想打的是出全壘打。問題是，我有時候也會被三振出局。我曾經有些糟糕、不入流、閃失之作（就叫它們混賬東西吧），但我到現在都認為這些全是非常棒的概念形成過程。失敗會讓你稍作停頓、重新振作、並且更加謙卑，你也將不再是個無所畏懼的創意思考者。**繼續向前走吧，對於過去的失敗想都不必去想。**

23.
當你在努力生出「大創意」的時候，千萬不要聽音樂。

尤其假使你是個音樂迷。你心目中的好音樂對你深具影響力與感染力，它會帶著你神遊到某處——而在你必須以溝通式的概念解決特定問題時，你是不會想被帶往那裡去的。

24.
把你的「大創意」逼上懸崖邊
（但假使你逼過頭了，
那就只好壯烈犧牲吧）。

獨特的創意之所以獨特，在於它們與瘋狂相去不遠。創意是腎上腺素狂飆到極致。假使你想到一個絕妙的創意，你非把它逼上絕境不可；不這麼做的話，那就是臨陣退縮。想要做出偉大的廣告，必須把你的想法逼到瘋狂邊緣，極致中的極致。但假使你逼過頭了，你就只好壯烈犧牲（而且死得很難看）。所以真正的挑戰在於清楚了解什麼時候該停手。你做過頭，很多人會把你當成蠢蛋；而你也知道他們說不定是對的。但你還是得冒這個險。

25.
絕不一群人打混仗
（group grope）。

想想看：明確、突破性的創意決策大多是由一個、兩個、或者三個人達成共識作出來的。集體思考通常會陷入僵局，或者甚至更糟。而且團體裡的成員愈是聰明，就愈難搞定創意。毫無疑問，就我身為大眾傳播者與文化挑釁者的經驗來說，我知道這段話絕對是真的：集體思考與決策的結果就是一群人打混仗。

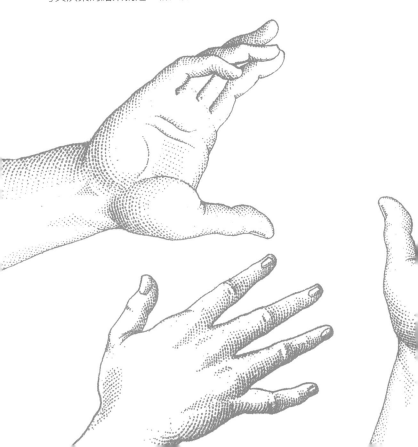

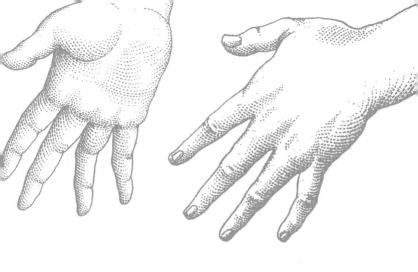

26.
絕不陷入分析癱瘓
（analysis paralysis）。

發掘出「大創意」，然後仔細地想清楚——它完全到位，你知道那就是你要的；它展現了野心與企圖，讓你全身上下每一個細胞都興奮不已。它透過平面印刷呈現出來的效果好嗎？好的很。做成電視廣告會造成轟動嗎？肯定會。那就把它做成簡報，賣給你的客戶吧。不要去做什麼分析。相信你的膽量；相信你的直覺。所有創意決策過程都一樣，分析召喚出的可不是只有正面的論點，還包括了那些看不見的陰暗面——而針對這些陰暗面的討論，實際上就是陷入沒完沒了的分析癱瘓。

27.
團隊合作對於蓋座
艾米許人（Amish）的穀倉來說
或許有用，
但它是沒辦法生出
「大創意」來的。

要在民主環境底下進行創新思考，普遍公認的作法就是像個團隊般互助合作。別信那一套。不論你是在哪種創意產業，當你面臨了生出「大創意」的挑戰時，你一定要和最有天份、最創新的那顆腦袋瓜共事。當然……希望那個傢伙就是你本人。避免和一群人打混仗（見第二十五則）以及陷入分析癱瘓（見第二十六則）。我們這一代最了不起的創新思考家就數蘋果電腦的共同創辦人史帝夫·賈伯斯（Steve Jobs），他堪稱是現代的亨利·福特（Henry Ford）。賈伯斯擁有驚人的美感天份，他絕對不是共識建立者，而是傾聽自己直覺的獨裁者。**所有人都吃共同創意那一套——但我可沒有。要對你自己前衛、主宰大局的天份有信心。**

（一旦你搞定了「大創意」，這時就該團隊合作上場了——推銷你的「大創意」，將「大創意」化為實作，讓「大創意」開花結果。）

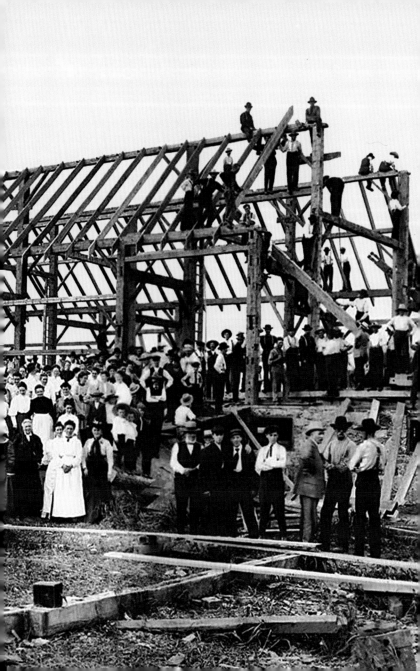

28.
想要取得人生的第一個大突破，你不能只靠吹噓自己有多「厲害」。

想要拿到第一份作為跳板的工作，你必須「證明」自己真有兩把刷子。在廣告圈子裡，你跟老鳥們說「我超有天份的——給我機會表現就對了」是沒有用的。假使每來一個年輕人對我說這話我就可以賺五分錢，那我肯定發了！你必須拿出一些可以展現你真正潛力的作品實例。你必需要有一套作品集，但是你可不能無師自通亂搞一個出來。去學校（例如紐約市的視覺藝術學校〔School of Visual Arts〕，裡頭的教師都是對教學充滿熱忱的在職藝術指導與文案專家）上一些概念設計課程，建立屬於你自己的作品集；不為別的，就只是為了向你自己證明你真的有兩把刷子。

IT'S NOT THE LIGHT AT THE END OF THE TUNNEL, IT'S THE LIGHT WITHIN.
SCHOOL OF VISUAL ARTS

為視覺藝術學校設計的
地鐵海報
東尼‧帕拉迪諾
（Tony Palladino），
一九八五年

29.
你的作品集要夠生火、
夠煽動、夠驚人、夠酷。

有太多老闆們聲稱剛入行的這些年輕菜鳥都害怕冒險,他們謹慎保守,根本就是一群外表光鮮、腦袋裝鉛的蠢蛋。但是面對現實吧:人類的故事就是這麼一回事。我們一直過著擔憂生活、擔憂工作、擔憂死亡的日子。學生們被教導要製作出「專業」、而不是讓人一打開就感到驚奇的作品集。最厲害的創意大老們總是疾呼他們想看到年輕人勇於冒險。然而,當他們看到稍微瘋狂一點的作品時,他們就會說這傢伙還太嫩、欠訓練,不然就說他或她是個怪咖。這可怪了——孩子們得到的指示竟然是不要勇敢。我這輩子總是聽到人家跟我說:「喬治,小心啊!」(見第四則)但是搞創意的時候談小心謹慎,無異於教人盡幹些乏味無聊的工作。

30.
我不需要非得是個猶太人才會愛上這個廣告。
所以就照我這樣做吧———
哪裡創造出來的作品令你興奮不已，你就往哪裡去找工作。

在我目睹精彩的「李維裸麥麵包（Levy's Rye）」廣告的巧妙與它創造的威力之後，我便清楚知道「恆美廣告（Doyle Dane Bernbach）」，這間二十世紀的廣告公司先驅，將會成為我未來生命的一部份。那時候我二十多歲，在設計圈裡已經算是小有名氣了。他們的王牌藝術指導比爾‧陶賓（Bill Taubin）和廣告文案戴夫‧瑞德（Dave Reider）是對友善親和的搭檔，他們利用發掘人類經驗裡的溫暖面來銷售帶有種族色彩的商品。在一系列的海報中，他們將美洲原住民、愛爾蘭警察、中國洗衣工、詩班男孩、非裔美國小孩、甚至巴斯特‧基頓（Buster Keaton）在咬下一口「李維真猶太裸麥麵包」三明治之後的反應呈現在畫面上；好記的標語與視覺兩者相輔相成，瞬間將廣告訊息傳達透徹（見第六十四則）。一九五八年我受恆美廣告的傳奇領導人物比爾‧伯恩巴赫（Bill Bernbach）雇用，身為希臘裔「非猶太人」的我找到了陶賓與瑞德並且向他們跪拜致謝，他們為我正要起飛的事業帶來了啟發。不論你身在哪個領域，找出大膽創新的領導者，為那些能理解你的「大創意」、並為之感到興奮激動的人而創作。

你不需要非得是個猶太人

才會愛上李維

真猶太麵包

31.
工作即是敬拜。

努力工作和把工作作好就如同呼吸一樣必要。創造出好的作品會溫暖你的心，豐富你的靈魂。像我們這樣有幸能把生命花在自己熱愛又擅長的事物上，可以說是富有的人。假使你沒有熱情地（甚至是狂烈地）投入工作，好讓自己在所做的事情上成為世界頂尖的角色，那麼你就愧對你的天賦、你的天命、你的上帝。

32.
窮盡你的職業生涯，
你都要為正在做自己熱愛的事
（而且還有薪水可以拿！）
而感到開心。

湯瑪斯・卡萊爾（Thomas Carlyle）曾經寫道，「一個人能找到適合自己的工作就是老天保佑；請他別再奢望還有什麼其它的恩惠了。」我在普瑞特藝術學院（Pratt）念二年級的時候，我的設計老師赫胥爾・雷維特（Herschel Levit）把我推出校園，還幫我在瑞芭・索契絲（Reba Sochis）的設計工作室找了份工作。我記得我對於自己正在從事一份夢寐以求的工作——而且竟然還有薪水可以拿——感到無比的驚奇，我也還記得當我拿著第一個禮拜的四十五美元薪資支票去跟人家排隊兌現時，心裡簡直不敢相信自己會有這樣的無敵好運。六十年過去，我仍然不斷從投入自己熱愛的工作當中得到溫暖。能了解這種感受的人們，應該要在喝完咖啡準備去上班的時候提醒自己——我們是多麼的幸運啊。

祈禱中的少年（細部）（Young Man at Prayer）
漢斯・梅姆林（Hans Memling），一四七五年

33.
讓人家感受到你的存在！

一九五二年，我從韓戰戰場返鄉之後的一個禮拜得到了一份理想的工作——在CBS電視台擔任設計師，與設計大師威廉‧戈爾登（William Golden）共事。上班第二天，我已經準備好要讓戈爾登看看我的第一個設計案。我問他的秘書我是否可以見他的時候，她從一本厚重的字典後面抬起頭來看著我，露出了不安的微笑。「去吧，」她神色緊張地說。偌大的房間裡，遠在另一頭的比爾‧戈爾登正埋首於繪圖桌工作著。我走上前去，等著他抬起頭來，但他只是不斷忙於他手上的事，目光緊盯著眼前的版面。我清了清喉嚨。戈爾登仍然無動於衷，繼續工作。他知道我人在那裡，我也知道他是不會抬頭看我的。這是意志力的考驗。

我走回寇納女士（Ms. Kerner）桌旁。「我能跟妳借這本字典嗎？」我問。**我從她桌上搬走這本又厚又重的字典，回到戈爾登的辦公室。我站在距離他的書桌三呎遠的地方，把字典舉到大約胸口的高度，然後兩手一鬆——這本大部頭的書摔到了地上，發出轟然巨響。**鉛筆從戈爾登的手上飛了出去，他很快地抬起頭來。「噢，喬治——有什麼事嗎？」他問。「啊，是的，我想讓你看看我替新節目《荒野大鏢客》（Gunsmoke）作的廣告。」他看了我的宣傳廣告之後，說：「很好，喬治。做得好！」然後我拿回我的廣告，也把字典還給他目瞪口呆的助理。

隔天早上，我接到賽普‧皮妮勒斯（Cipe Pineles）的電話，她是戈爾登的太太，也是一位傑出的雜誌設計師。她帶著濃重的維也納口音跟我說：「喬治，你不認識我，我是比爾的太太。我是要來恭喜你，你竟然能不把比爾的目中無人當一回事！」

34.
讓一百萬美元看起來有一千萬美元的價值！

當我還是恆美廣告的一名年輕的藝術指導時，我從來不讓別人替我的作品作簡報。比爾·伯恩巴赫知道我這麼做自有道理在，於是他交待業務同仁，要怎麼搞就讓這個瘋狂的希臘小子自己來。有一回我們要向大客戶作簡報，在我向客戶介紹我的作品時，在場的還有兩位廣告業務同仁、公司的媒體總監、資深文案、以及比爾·伯恩巴赫與他的合夥人奈德·道威爾（Ned Doyle）。客戶很喜歡我的廣告提案，基於友誼，他向業務同仁與媒體總監探詢了他們在公司裡是做什麼的。然後他轉向我，語帶開玩笑地說：「那麼喬治，你又是做什麼的？」「我的工作是讓一百萬美元看起來像是有一千萬美元的價值，」我回答。伯恩巴赫和道威爾兩個人聽到都嚇了一大跳。從此之後，恆美廣告裡每個人都叫我「千萬先生」。記得，在推銷你的作品時，你要帶上的不單單只是全然的自信，而且要有千萬美元珠寶大盜的那種霸氣。

35.
如果這件工作是份急件，
不要抗拒（No）……
要說「馬上做！」

NOW!

在廣告圈子裡打滾就如同是在與永遠消滅不了的截稿日期搏鬥，而這些截稿日期有被迫的、也有（我必須老實說）自己逼出來的。我這一輩子總是在說「馬上做」，而不會加以抗拒。大部份的創意產業都有累死人的工作排程與截稿日期。不論你從事的是哪種類型的工作，你只管快點動手，準時交件，並且把它作到完美。

36.
大多數人作的事
是把他們的工作維持好，
而不是
把工作作好。

假使你是前者，你的人生毫無意義可言；如果你是後者，就繼續維持下去吧。

37.
點子再好也得靠人賣。

這張照片是一九六七年朗‧霍蘭德（Ron Holland）、我、和吉姆‧卡拉威（Jim Callaway）在我第二間廣告公司——LHC廣告（Lois Holland Callaway）——剛成立後的幾個禮拜拍攝的。如你所見，我們正在向一個新客戶推銷我們的廣告提案（帶著滿腔熱情）。

當你在向客戶呈現一個「大創意」的時候，一定要做到三件事：
1 告訴他們，他們將會看到什麼。
2 展示給他們看。
3 用戲劇化的方式讓他們知道他們剛剛看到的是什麼。

要推銷這些讓我引以為傲的作品時，我必須要能做到咆哮、大聲嚷嚷、恐嚇、撞、推、勸誘、說服、哄騙、誇大、拍馬屁、操縱、讓自己被討厭、招搖、偶爾說謊，而且要一直懷抱銷售的熱情。亞伯拉罕‧林肯曾經說過：「當我在聽人講道的時候，我喜歡看到他有如在與蜜蜂打鬥般手舞足蹈。」

要成為一名成功的創意人士，你得做好這輩子都要與蜜蜂打鬥的準備（雖然有時候會被螫）。

38.
學養加上
戲劇的終極表現
就是銷售的藝術。

在關於專業結合個人風格的故事當中，最讓人感到痛快的就數藝術經紀商杜芬勛爵（Lord Duveen）的事蹟了。當他終於有機會見到二十世紀最富有、最重要的收藏家J. P. 摩根（J.P. Morgan），時髦的杜芬勛爵穿著他的燕尾服、戴上護腳（spats）、頂著大禮帽、拿著手杖，一身行頭大搖大擺地走進摩根位於第五大道的豪宅家中。沒有客套的招呼，摩根直接指著大理石地板上的五個大花瓶，他告訴杜芬其中有三個是十六世紀明朝的珍品，另外兩個是他花錢請人照做的贗品，他要杜芬仔細看看這些花瓶，然後告訴他哪幾個是假的、哪幾個又是珍貴的原件。杜芬勛爵大步走向花瓶，他幾乎連看都沒看，揚起手上那把鑲珍珠的手杖便狠狠地敲了兩下，其中的兩個花瓶應聲化為碎片。從那一刻起，J. P. 摩根直到過世前所收藏的每一幅畫作與藝術品都是購自這位偉大的英國業務員。杜芬對於自己的能力有無比的信心，**他讓我們看到銷售確實是一項藝術，**
沒有精熟便難以成功。

39.
和潛在客戶正面交鋒時
要切中要害。

《今日美國報》（USA Today）的董事長艾爾‧紐哈斯（Al Neuharth）對
著我大吼：「路易斯，如果不是因為他們在甘尼特集團（Gannett）的其它
報紙刊了一堆廣告，我早就
把這間美國最大的廣告公司
換掉了。假使我換了廣告代
理商，人家會怎麼說？」

我禮貌地回覆他：「人們或許會說您
的腦筋總算清楚了！您現在那些廣告有夠
娘炮，您要做的應該是他媽的霸氣廣告！」

幾個月後，艾爾‧紐哈斯向全世界宣告，「這傢伙
真懂我……我把《今日美國報》的廣告交給路易
斯作——而他的廣告還真有用！」

當潛在客戶拿著要你置之死地而後生的問題
與你正面交鋒時——
只管用無禮的真相回敬他就是了。

40.
「路易斯，你可別以為人家說『好』就算是得到答案了！」

在我的職業生涯中總是會不斷聽到這句話。

我拒絕拿「好」來當作答案。我承認，我是有熱情過頭的問題，有些時候我會難掩狂喜，滔滔不絕地向客戶簡報我的廣告提案（明明客戶們剛才都已經熱切地接受了）。我繼續不斷地談著散落在會議桌上的平面與電視廣告提案，向我的客戶再三保證——不論是什麼狀況或條件，這些廣告一定會成功。（今天的廣告界裡沒有一家公司會向你保證成功，因為大多數的廣告公司都不相信創意會造就奇蹟。）

是的，我承認我是推銷過頭了，但是當我走出會議室的時候，客戶們都信任我的作品，而且同樣重要的是，他們信任我。

41.
把嘴巴張大，說「啊——！」

假使你是個創意人，不論你從事什麼職業，只要想像你自己是個正要開救命藥給病人吃的醫生就對了。我是認真的。

42.
要創造偉大的作品，
你得這樣分配你的時間：
1% 找尋靈感
9% 揮汗苦幹
90% 為作品發聲

我不在乎你的天份有多高。假使你有創意、也創作出你最精彩的作品——那麼為你的作品發聲並且推銷你的作品（對身邊的人、對你的老闆、客戶、律師、電視廣告預審部門等等），正是讓「表現偶爾出色」與「一貫傑出」的創意思考者有所區別的關鍵所在。

43.
叫會議室裡那些
唱反調的人滾開。

所有會議裡都潛藏著自命為反對派的人士，他們會在差不多要做出決定的時候，皺起眉頭開口說：「我來當個反對派吧。」他們就是要站在完全對立的那一方，爭辯到令人生厭。這傢伙就是導致一群人打混仗（見第二十五則）和陷入分析癱瘓（見第二十六則）的始作俑者，說是要謹慎、保守地思考，實則阻礙、壓抑了一切原創的點子。會議室裡只要有這種唱反調的人就會讓創意陷入危機。要當心啊。

44.
當你在簡報你的「大創意」時，要有回答一些蠢問題的心理準備。

會議裡通常都會有人搞不清楚狀況。在他們做出決策之前先破除他們的疑慮吧。

45.
但這不代表你不該（偶爾）拍拍馬屁！

文案朗·霍蘭德和我一起替喬·鮑姆（Joe Baum）與他無數改變曼哈頓風貌的餐廳作過數千則的小型平面廣告。朗是個單身漢，他算是頗受到喬和他太太露絲（Ruth）的照顧，他們經常在週末邀請朗到他們的鄉間小屋作客。某個星期一早上，朗和我正與喬一起檢視我們的廣告提案，突然之間，鮑姆與霍蘭德原本和諧共生的關係莫名其妙炸裂開來了。他們互相攻擊對方，不斷咒罵叫囂；我整個人目瞪口呆。到最後，朗對著鮑姆咆哮：**「喬，你真夭壽！」**我馬上接著說：**「夭壽有錢！」**（別跟我說我不知道怎麼拍人家馬屁了！）

46.
假使說什麼都沒用，
那就以自殺相脅吧。

一九五九年我還在恆美廣告的時候，我替顧德曼牌的無酵餅（Good-man's Matzos）作了一張因應猶太教逾越節（Passover）到來的地鐵海報。海報標題是兩個大家都看得懂（至少在紐約是如此）的希伯來文字，「猶太人逾越節（Kosher for Passover）」，而標題下方則是一大塊無酵餅。後來業務同仁帶回了客戶不肯採用這則廣告提案的消息，於是我找了我的上司比爾·伯恩巴赫，請他務必幫我和顧德曼的老闆——一個信奉《舊約》（Old Testament）的濃眉暴君兼碎唸大師——安排一次會議。這位無酵餅專家在我開始使勁推銷的時候打了個呵欠，後來我展開海報，他便低聲咕噥著：「我不喜歡這張。」我不理會他，繼續往下說，奮力鼓吹我的賣點。後來他的部屬開始對於這個強而有力的希伯來文標題表達認同了，先是一位，然後兩位、三位，於是暴君老闆拍打桌子要大家安靜，「不，不，」他說，「我就是不喜歡！」我得使出最後一招了——於是我走向一扇開著的窗戶邊。就在我開始往窗外爬的時候，他在我身後大喊著：「你要上哪去啊？」他和他的部屬看我好像瘋了似的竟然讓自己掛在三樓高的窗台邊上，全都倒抽了一口氣。我左手緊抓著窗框，另一手揮舞著海報，從窗台上死命地大喊，**「你做你的無酵餅，我做我的廣告！」**

「停，停，」老先生急了，「就這麼辦吧。」

我爬回屋子裡，謝謝這位猶太長老善意地接受了我的廣告提案。在我離開的時候，他大聲地對我說：**「年輕人，哪天你不幹廣告這一行了，就來當我們無酵餅的業務員吧！」**

כשר לפסח

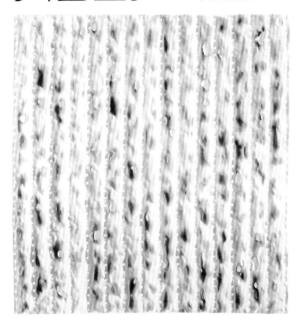

in the best Passover tradition!

47.
一個創意思考者
有能力看透一間企業，
並且生出遠遠超越企業執行長願景
的「大創意」。

一九八二年，開創快速換機油服務的企業「捷飛絡（Jiffy Lube）」找上我的廣告公司，那時候他們只有五間店面。我們跟他們說，假使我們可以上個全國性的電視廣告，他們在三年內就會成為擁有一千家店面的全國連鎖企業。我們又是爭辯又是拜託的，好不容易他們答應不但讓我們上全國性的電視廣告，而且還讓我們管理他們的行銷計畫。一夜之間，我們說服了全美國要換機油就到「捷飛絡」，而且三年之內他們在全國各地開展了超過兩千家的店面！

48.
當你認為客戶
錯估了行銷良機，
就另外創造一個
讓他大吃一驚的品牌吧！

一九七〇年代晚期，「史都佛（Stouffer's）冷凍食品」成為我的廣告公司的新客戶。在與史都佛的高階主管共進「聯姻」晚餐的時候，我客氣地詢問他們是否有計畫進入輕食冷凍食品的市場，他們說輕食不是市場主流、材料成本昂貴、毛利率又低、巴拉巴拉……等等。我說我們正處在新興的健康趨勢之中，有愈來愈多的美國女性投入職場，史都佛自然應該要開發高品質的產品來回應這樣的時代潮流。對於我的訴求他們

完全不予理會。那天晚上我沒辦法入睡，腦子裡反覆思索著他們拒絕為輕食冷凍食品開發產品線這件事。然後有了！……「瘦身美饌（Lean Cuisine）」——這個品牌名稱為這條革命性的產品線說明了一切。我立刻將這個名字送給史都佛的董事長。這一次完全不必靠我來「推銷」這個品牌概念：「Lean」是瘦，而「Cuisine」表示了美味。大老闆買了單，一個全新又充滿活力的行銷品項誕生了。

**有些時候，拿再多的「行銷」觀點出來說
也沒辦法讓客戶有所動搖；
但一個真的很棒的品牌名稱
或許會成為創造
上億商機的好主意！**

49.
有個眼光銳利的客戶
對你是有幫助的。

當年蓋瑞‧卡斯帕洛夫（Garry Kasparov）與另一名優秀的挑戰者阿納托利‧卡爾波夫（Anatoly Karpov）即將在曼哈頓的哈德遜劇院（Hudson Theater）爭奪世界西洋棋王寶座時，卡斯帕洛夫的經理團隊請我設計一張海報，於是我為這場西洋棋界的龍爭虎鬥創作了一個終極對決的畫面。卡斯帕洛夫的經理堅稱，這位堪稱史上最偉大的西洋棋王卡斯帕洛夫不會在意海報內容——他們不讓我將海報拿給他看。但是經過一陣爭執與翻譯的混戰之後，我直接無視他們的要求，而當我將海報展示給這位俄羅斯西洋棋天才看的時候，在他與卡爾波夫的剪影之間形成的白色區塊立刻讓他產生情感上的共鳴，他脫口而出：「幹得好，同志！卡斯帕洛夫和卡爾波夫，面對面，然後兩個人中間，有一個白皇后！」

好的作品必須要呈現給有權力決定是否接受作品的人看。問題是企業裡的部屬們有權力說「不」（他們也往往會這麼說），卻沒有權力說「好」——所以你必須跳過他們，**將作品呈現給真正的決策者看！**

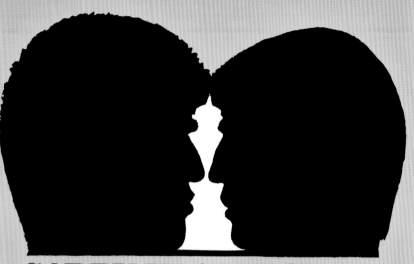

GARRY KASPAROV VS. ANATOLY KARPOV 1990 WORLD CHESS CHAMPIONSHIP

OCTOBER 8 – NOVEMBER 10, 1990
NEW YORK CITY

50.
研究是創意的敵人——
除非這是你自己作的
「創意」研究（嘿嘿）。

廣告是門藝術，不是科學。假使你創作的廣告必須通過研究測試（大部份廣告公司會這麼做），那麼就是由廣告的「科學」在主導一切了。這麼一來，我的廣告大多過不了前期測試這一關，因為前衛、有時甚至驚世駭俗的概念在七嘴八舌打混仗的「焦點團體（focus groups）」裡就會被打到體無完膚了。我曾經利用研究（由我的廣告公司設計、主導）讓桂格的「潔麥瑪阿姨（Aunt Jemima）」鬆餅糖漿在行銷上獲得極大的成功。我搞不懂，桂格一直不肯推出潔麥瑪阿姨的鬆餅糖漿；這種產品根本想都不用想，我甚至還以為我已經用過了呢。這個建議不論我提幾次，他們的主管總是堅持己見。後來我直接採取行動，在一份關於潔麥瑪預拌鬆餅粉的研究問卷裡作了手腳，我在問卷最後請消費者們寫下他們最近所使用的鬆餅糖漿品牌——而在列出的十個糖漿品牌中，我加上了根本不存在的「潔麥瑪阿姨」糖漿。一百名鬆餅食用者中，竟然有八十九位聲稱他們那一年曾經購買過潔麥瑪阿姨糖漿！桂格的老闆們大為震驚，並且被我的調查結果說服了——他們終於投入鬆餅糖漿市場。一年內，全新的「潔麥瑪阿姨鬆餅糖漿」成為全美最暢銷的糖漿品牌。

假使你沒辦法直接說服客戶取得伸手可及的成功，那麼就操弄各種方法去說服他們。

51.
當你在展示一個
新創的概念時，
假使你得花上超過三句話
才能向你的金主說明白，
那麼它就
不是一個「大創意」！

只要說明的內容超過三個句子以上，
人們的眼神就會陷入呆滯。

52.
假使你的廣告真的夠出色，
你所創造的效益
會遠遠超越客戶最狂野的期待！

我告訴當時正作困獸鬥的ESPN（二十四小時播放的運動有線電視台）高階主管我有辦法找來十五位明星運動員、並且讓他們在我的「在你面前（In Your Face）」廣告中無償演出時，他們的董事長忍不住捧腹大笑。一九九二年，ESPN被視為是上不了檯面的運動頻道。為了說服運動迷ESPN是電視運動頻道不折不扣的霸主，我拿著美國當紅十五位運動明星的名單，當面要求ESPN董事長讓我製作這個「在你面前」的廣告片。「路易斯，你要讓名單上的任何一個人過條馬路，沒個五萬美金是別想請得動的，」他咆哮著說。

但是我把我名單上的每位運動明星都請來了，因為有兩件事是我知道而這位老闆不知道的。ESPN具有成為巨擘的潛力，他們現在根本連皮毛都還沒沾到；而且，運動員們都喜歡在我的廣告裡現身。

我的廣告後來成為哈佛商學院探討如何翻轉企業形象的討論個案。ESPN的廣告檔次全數銷售一空，它們在觀眾心目中的排名也超越了ABC、CBS、與NBC等電視台，從最差躍居於龍頭。它們接著採用了我創新的行銷計畫，包括發行ESPN雜誌與設立ESPN運動酒吧，而這些原本在它們愚鈍的董事長眼中只是我的白日夢罷了。**如果你非做不可，就拉著你的客戶一起追求行銷上的突破吧。**

「當月亮露臉時，
ESPN就『在你面前』！」
華倫・穆恩
(Warren Moon)

53.
絕對不要為壞心人工作。

一九六三年十一月二十二日，我剛從聽聞甘迺迪總統遇刺的震驚中回過神來，就立刻通知我們所有客戶取消他們的廣告活動。總統的狀況還不明朗，廣播電視也還沒有暫停廣告的放送，但我們的客戶都同意這會兒並不是如同往常一般作生意的時機。然而，當我們的業務同仁打電話給J. 丹・布洛克（J. Dan Brock）——我們的客戶，美國國家航空公司（National Airlines）——時，他用他濃重的南方口音慢條斯理地回答：「我說啊，你們這些紐約人也太小題大作了吧。」我一把抓過電話，說：「抱歉，丹，我想你大概還沒聽說總統『被槍擊』的消息吧！」「屁啦，路易斯，」布洛克說，「他已經死了！老天，我們正在『慶祝』呢！」「嘿，丹，」我用我的紐約腔說，「去你的，親我的紐約屁股吧！」我摔了話筒，撤下他們所有的電視廣告。第二天早上（唉呀呀，真是意外啊）J. 丹・布洛克把我們開除了。開除得好啊。

當我們之所以被開除的原因傳遍公司的時候，每個人都覺得驕傲不已。

永遠不要明明知道對方是個壞傢伙還為他工作。

約翰 · F. 甘迺迪
（John F. Kennedy）
在德州達拉斯
（Dallas, Texas）遇刺，
一九六三年。

54.
絕對不要吃屎。
（假使它看起來像屎、
聞起來像屎、
嚐起來也有屎味……
它就是屎。）

假使你正處於某一段關係之中（和你的老闆、長官、夥伴、或客戶），而你老覺得你不斷在被利用和／或被糟蹋，那就承認吧——你正在吃屎呢。沒有膽子來跟它做個了斷的話，你是別想創作出什麼偉大的作品來了。就終結它吧。

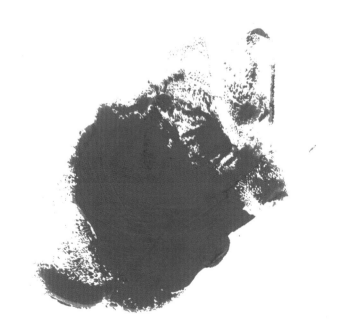

55.
想要讓大老闆們對你開誠布公，
就要對這些當權者們說真話。

亞伯拉罕‧林肯說：「在應該表達異議時卻以緘默抗命，這是懦夫的行為。」像我們這樣作品可以被視為藝術的人，最棒的就是我們能成為文化挑釁者，我們具有對抗權威——甚至是上帝——的顛覆精神。加入我們這個創意社群吧，我們對於企業大亨、有錢有勢的「肥貓」、「當權者」、法庭、政客、華爾街的貪婪狂人、佔盡窮人與弱勢者便宜好圖利富人的政府、以及任何被金錢與權力收買的人嚴厲到不行。

巴布‧狄倫（Bob Dylan）在他具有代表性的控訴歌曲《戰爭高手》（Masters of War）中寫下了著名的一段話：
「我想你會發現
（I think you will find）
當死神來到你眼前
（When your death takes its toll）
你掙來的所有金錢
（All the money you made）
想買靈魂卻買不回
（Will never buy back your soul） 。」

56.
別當愛哭鬼！

客戶可能會一而再、再而三地嫌棄你為他量身打造、最適合他的提案（愛唱反調的討厭鬼），但他沒辦法讓你作出糟糕的作品。你可以選擇拿出更好的作品回擊，或者就另找其他更好的客戶。在我的圈子裡，有許多創意人會對於他們「偉大的廣告」只能留在檔案櫃深處的餐巾紙上感到難過。我說，假使你沒能將東西賣給客戶，那你根本不該當你作過這件事。要衡量一個人，應該要看他「真正完成了什麼」才是精準的。在我的人生裡，我想像不出有什麼滋味會比酸葡萄來得更糟的了。所以，別當愛哭鬼。在你的漫漫創意生涯路上，**你必須決定你自己的命運與你要創造出什麼。**

57.
不要老是期待
從客戶那裡得到讚美。

一九六四年，我一直纏著我的客戶喬·鮑姆（我在紐約一起開餐廳的夥伴），要他頂下洛克斐勒中心（Rockefeller Center）一家叫做「荷蘭之家（Holland House）」的小酒館，有六位老太太每天中午都聚在這裡享用沙拉午餐。整整兩年的時間，喬不斷地跟我說那個地點超爛。那裡距離知名的溜冰場一個街區，儘管到了晚上整條街就變得冷冷清清的，不過我想這裡會是一間很棒的愛爾蘭酒吧。「路易斯，」他還是很堅持，「你是很會做廣告沒錯，但是你對餐廳這一行連個皮毛也不懂啊。**這個地點超爛！**」最後，鮑姆實在是受不了我，他還是頂下了這間酒館，兩個月後「查理歐的燒烤酒吧（Charley O's Bar & Grill & Bar）」正式開張。從我們開門營運的那一刻起，這間餐廳就已經成功了。我當時正要為羅伯特·甘迺迪（Bobby Kennedy）製作競選廣告，於是我說服他在這間新開幕的酒吧公開宣布他即將投入參議員選舉。電視新聞報導還讓觀眾們以為這間「有名的查理歐酒吧」已經有大約四十年的歷史了！過了不久，我想辦法讓我的客戶在無意間親口說出他的恭維。「查理歐真是座金礦啊，對吧喬？」我對鮑姆說。「沒錯，喬治，」他面無表情地回答我，「**這地點真是棒透了！**」

58.

假使你認為人們都是蠢蛋，
那麼你這輩子就只能做蠢事了。

人們是聰明的（大多數廣告公司的會議室裡難得聽到這種論調）。不得不聽其它廣告公司的老闆們大放厥詞已經讓我夠煩了，看到那些廣告界大老趾高氣昂的姿態更是讓我震驚加不爽。他們總是反覆不停地抱怨著人們有多愚蠢。相信我，假使你認為人們都是蠢蛋，那麼你這輩子就只能做蠢事了。我認為人們都是廣告天才。他們腦袋裡都裝了晶片，只要一看到電視廣告就能立刻以光速把它放進行銷脈絡當中，並且快狠準地作出判斷。他們「懂」什麼是「大創意」！此外，他們總是會對概念——強烈的核心觀念或圖像——做出回應，尤其當這個概念是以溫暖、人性化的方式來表現的時候。如果你不相信我所說的，你就沒辦法創造出偉大的作品來。

59.

「我親愛的莫札特，對我們的耳朵來說，這曲子的音符太多，也美過頭了。」
約瑟夫二世（Emperor Joseph II）

我和許多難搞的客戶合作過。我喜歡和仁慈的暴君共事——通常我都有辦法讓他們對我的作品（不光是我的作品，還有我的膽量）點頭稱許。不過我也錯估過幾回情勢——我誤以為合作的對象帶有勇敢又熱情的企業家精神。當我發現我錯得離譜，而且對方還擺出官僚的架子、作品再怎麼出色也是不看在眼裡，我就會（有禮貌地）離開。任何創意產業的「大創意」都應該留給有願景、有創造力的客戶——他們慧眼識天才，而且也絕對會把天才的能耐壓榨到極致。**別把時間浪費在那些約瑟夫皇帝身上了。**

60.
伍迪·艾倫（Woody Allen）說得對：光是現身就已經成功百分之八十了！

一九六二年，以芝加哥為基地的桂格燕麥公司（Quaker Oats Company）有兩位大老闆注意到我這間位在紐約的廣告界新秀。他們正在物色一家新的廣告公司，而即便他們自己有條「只僱用本地廣告公司」的不成文規定，他們還是到PKL廣告來評估我們的狀況。他們也很明白地告訴我們，他們就是想把原本典型的企業「行銷」公司換成引發一連串「廣告創意革命」的廣告公司。兩天後，他們兩位在芝加哥時間上午九點（紐約時間上午十點）一起打電話給我們，說他們雖然覺得痛苦，但還是必須作出選擇當地廣告商的決定，因為他們隨時都有可能通知要開會——而紐約實在是太遠了。

電話掛上之後，我和兩個合夥人對看一眼，心裡頭立刻有了盤算，我們同時脫口而出：「快，我們立刻衝去拉瓜蒂亞機場（La Guardia）機場，在他們用完午餐之前趕到他們辦公室！」半個小時內我們就抵達了拉瓜蒂亞。我們跳上飛機（當時還沒有什麼安檢程序）、在飛機上坐了兩個半小時，接著飆計程車，氣喘吁吁地趕到他們位在「商品市場（Merchandise Mart）」大樓裡的辦公室，那時他們還在外頭吃午餐呢！半個小時後他們踏進會客室，看到我們閒坐在舒適的沙發上翻閱著雜誌，他們說有多驚訝就有多驚訝。我們狂熱的行動讓他們既激動又開心，他們當場就把廣告業務交給我們了。

要隨機應變、積極主動；讓客戶不只對你的作品印象深刻，還要對你的急切、渴望、與膽量另眼相看！

61.
我被人指責太過於偏執。
（假使每個人都想盡辦法找你麻煩，你也會變成偏執狂。）

我會用盡這本書上的所有方法來保住我的「大創意」。我甚至曾經以自殺來作為要脅（請見第四十六則）。聽起來很瘋狂吧。假使你去看精神科醫生，我會覺得你是瘋了沒錯……但偏執可不代表你瘋了！健康的偏執可以幫忙保住創意人的心血，因為不必懷疑，其他人一定會想盡辦法找你麻煩！想到自己的心血被一群俗人們挑三撿四的，這樣的生活實在是太可怕了。他們會說你是怪胎，說你是瘋子。給他們好看吧。

62.
任何出色的創意點子
都要能立刻讓人大吃一驚——
它要讓人覺得似乎有點過火了。

沒有爭議、循規蹈矩的作品註定會被淡忘。偉大的創意應該要能讓人大吃一驚，就像現代藝術之所以讓人感到震撼，正是因為它在觀眾面前呈現出來的樣貌似乎沒辦法透過常規加以理解。就在你的觀眾從「震驚」轉換到發現「原來你所表現的並不如乍看之下那般過火」這段飛快的過程中，你已經掌握住他們了。

63.
有時候，就豁出去吧，
卯足全力只管驚世駭俗就是了。

有時候我會（故意）把事情做得很誇張。一九八五年，湯米·席爾菲格（Tommy Hilfiger）在曼哈頓上西區開設以他自己為名的店面時，他還只是個笑容稚氣、名字沒幾個人唸得出來的年輕服裝設計師。我為他做的第一個廣告（還有一個醒目的戶外廣告看板就大剌剌地立在時裝大師們的辦公室對街）就對觀眾提出了一個誇大又厚臉皮的主張。一夜之間，**「那個T什麼H什麼的傢伙到底是誰？」**成為城裡最熱門的話題。湯米·席爾菲格在短短幾天之內立刻聲名大噪，吸引了全國媒體的高度關注。這個初代的湯米廣告成了自我實現的預言，因為年輕的席爾菲格很快就成為全世界最知名、最成功的設計師品牌。

附註：這個席爾菲格的廣告觸怒了時尚產業。凱文·克萊（Calvin Klein）在《新聞週刊》（Newsweek）和《時人》（People）雜誌裡堅稱我們為這個廣告砸下了兩千萬美金（其實扣掉兩位數還有剩）。幾個月之後，克萊先生對於湯米的人氣水漲船高顯然是愈看愈不爽。某天晚上他在「周先生」餐廳（Mr. Chow's）看到我和我太太與朋友在用晚餐，於是他大步走了過來，伸出一隻手指戳著我的臉，對我大吼：「你知道嗎，我可是花了二十年的時間才有席爾菲格今天這樣的名聲！」我客氣地抓住並扳開他的手指頭，回答他：**「你是蠢蛋啊！二十天就能辦到的事，你幹嘛要花上二十年？！」**

THE 4 GREAT AMERICAN DESIGNERS
FOR MEN ARE:

R____ L_____
P____ E_____
C_____ K_____
T____ H_____

THIS IS THE
LOGO OF THE
LEAST KNOWN OF
THE FOUR

282 Columbus Avenue
at 73rd Street
New York, New York 10023
212-877-1270

湯米・席爾菲格的廣告看板，
紐約時代廣場，一九八五年

64.
能夠創造出精彩廣告活動的
「大創意」包括兩個要素：
1.令人難忘的標語口號！
2.令人難忘的視覺設計！

令人難忘的視覺設計結合令人難忘的文字所創造出來的圖像可以在瞬間傳達訊息，並且立刻讓人產生智性、人性的回應。「圖像」這個詞往往讓人聯想到視覺設計，但實際上卻不只如此：圖像就是將創意轉換為戲劇化的風格、深入人心的符號、大眾日常的場景、帶有人像的畫面。這樣的圖像應該以文字和視覺設計來呈現，而當然，兩者相輔相成是最理想不過！這裡看到的是一九六○年代最偉大、最有男子氣概的幾位運動明星們娘娘腔的精湛演出，他們在電視上邊哭邊嗚咽地說著：「我要吃我的寶寶（Maypo，一種燕麥穀片）！」，文字結合圖片表現出來的純真率直，美國小孩就吃這一套。

米奇·曼托
MICKEY MANTLE

威利·梅斯
WILLIE MAYS

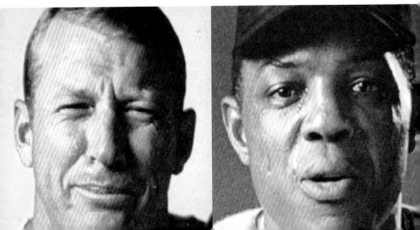

"I want my Maypo!"

唐·梅瑞迪斯
DON MEREDITH

強尼·尤尼塔斯　　　　　奧斯卡·羅伯森
JOHNNY UNITAS　　　　**OSCAR ROBERTSON**

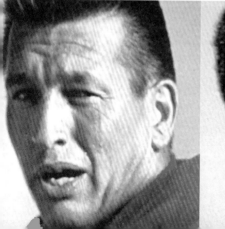

65.
為了能持續不斷激發出突破性的概念思考，我每個星期天都會帶著虔敬的心造訪大都會藝術博物館。

在哥倫比亞廣播公司（CBS Radio）與後來的哥倫比亞電視網（CBS Television Network）擔任設計主管超過四十年的盧·多爾夫斯曼（Lou Dorfsman）曾經說過：「在現實中，所謂的創造力就是去觸及你內心深處、並且從靈魂裡拖出一個想法來。」然而事情不會無中生有；你必須持續不斷地餵養內在那頭給你激勵與靈感的野獸。我要特別強調，天才的DNA蘊藏在世界各大博物館裡。博物館是「體悟」的管理者，這些「體悟」會進入你的中樞神經系統與心靈深處。「體悟（epiphanies）」這個字源於希臘，打從我小的時候，「體悟」帶給我的衝擊幾乎成為我的生活日常，也神祕地顯現在我大部份的作品當中。舉例來說，我便改作了大都會藝術博物館館藏的受難者圖像——法蘭西斯柯·波提契尼（Francesco Botticini）的《聖塞巴斯蒂安》（Saint Sebastian），以穆罕默德·阿里（Muhammad Ali）作為一九六七年的《君子》雜誌（Esquire）封面主角（見第七十六則）。

每個星期天，我都會上紐約大都會藝術博物館作禮拜。在這裡，我總是會感受到古老事物帶給我的震撼。（在倫敦的話，你可以去大英博物館〔British Museum〕；在法國的話，請造訪羅浮宮〔Louvre〕；在馬德里的話，就去普拉多〔Prado〕；其他就無須我多說了。）**不可思議的是，人類的藝術史不論在哪個領域總可以激發出突破性的概念思考。**

66.

「你在聖經裡可能會讀到的那些東西──不見得就是那麼一回事。」
艾拉·蓋希文（Ira Gershwin），美國作詞家

不，這個世界並不是六天造成的。

不，恐龍和人類從沒同時存在過。

不，青少年不會因為經常打手槍而瞎了雙眼。

不，克利福德·爾文（Clifford Irving）從來沒見過霍華德·休斯（Howard Hughes）。

不，伊拉克並沒有大規模毀滅性武器。

不，大部份「健康食品」並不健康。

不，《廣告狂人》（Mad Man）並沒有如實呈現一九六○年代的廣告界。

不，巴拉克·歐巴馬（Barack Obama）不是「非法」的總統。

不，「否認」（譯注：原文為Denial，音近於「尼羅河」〔The Nile〕）不只是埃及的一條河。

你不需要過著懷疑論者的生活……但是應該要經常抱持懷疑。尤其是在網路科技時代，錯誤的資訊就像洶湧的浪潮般不斷向我們襲來。

一個會思考的人必須閱讀、研究、質疑、衡量，

不要讓自己被胡說八道的垃圾資訊給哄騙了。

67.
渴望不朽！

電影明星詹姆斯·狄恩（James Dean）說得沒錯：「只有不朽才能稱得上偉大。」（偉大只能靠你身後留下的創意遺產來定義。）

《亞當與夏娃》（Adam and Eve），
彼德‧保羅‧魯本斯（Peter Paul Rubens），一五九七年

68.
畢卡索說得對：
「藝術是說真話的謊言。」

畢卡索的定義用來描述廣告再貼切不過了，畢竟在今日行銷導向的世界裡，幾乎所有商品的品質都大同小異。當廣告作得夠出色——當它夠有創意、夠放肆、夠大膽——它自然而然會成為產品優勢的一部份，而畢卡索所謂的「謊言」也就成為事實了。車子更好開，食物更可口，香水聞起來也更迷人。假使你對於這個根本信念覺得難以苟同，你怎麼樣也無法了解廣告所具有的魔力。

食物更可口！

香水聞起來更迷人！

車子更好開！

69.
要定義你的未來，或許最好的方式就是自己去創造它。

在經濟困頓的時代，你要找出獨特的方法讓你的事業發光發熱。舉例來說，設計電影片頭曾經是一項令人興奮激動的創意挑戰。索爾·巴斯（Saul Bass，一九二〇年～一九九九年）以概念性、動態的圖像力量強化電影風格，開創了電影片頭的藝術（《桃色血案》〔Anatomy of a Murder〕、《金臂人》〔The Man with the Golden Arm〕、《迷魂記》〔Vertigo〕、《北西北》〔North by Northwest〕、《驚魂記》〔Psycho〕）。在我們說話的當下就有好幾百部獨立電影誕生，想要幫助導演們開啟他們的電影事業、也讓你的事業一鳴驚人，機會可以說是多不勝數！

今日的產業版圖瞬息萬變，網站設計、應用程式設計、電腦動畫、遊戲程式設計——這是一個許多機會讓你意想不到的新世界——都是正在崛起的產業。假使你遍尋不著理想的工作，就自己創造你的未來吧。

奧圖·普雷明格的《桃色血案》

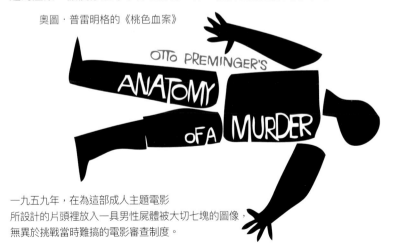

一九五九年，在為這部成人主題電影所設計的片頭裡放入一具男性屍體被大切七塊的圖像，無異於挑戰當時難搞的電影審查制度。

70.
大多數厲害的廣告標語裡都會出現品牌的名稱（甚至會出現兩次！）。

當你在創作一個強推產品銷售特色的廣告口號時，試著把產品的名稱放進口號裡來！在我一九八九年作的廣告口號「留時間讀時代週刊」（Make time for Time）裡，商品名稱就出現了兩次！這個好記的口號除了想賣雜誌之外，也點出了我們所有人忙碌的現況，並且強力建議忙碌的讀者要找時間好好地讀一讀《時代週刊》（Time）。

以下是由其他創意人發想、包含品牌名稱在內的廣告口號當中，我最喜歡的幾個：

安維斯（Avis）只是第二把交椅。

掛上「盛美家（Smucker's）」的名字，就非得是好商品不可。

《獨立報》（The Independent）。純然獨立。你呢？

在佛斯特格蘭特（Foster Grants）眼鏡後頭的，可不是拉寇兒‧薇芝（Raquel Welch）嗎？

祝您有個愉快的阿姆斯特丹（Amsterdam）假期。

我 ♥ 紐約。

舒味思泡泡（Schweppervescence）。

確定（Sure）的人請舉手。

絕對（Absolut）完美。

71.
紐約市長尋求連任的預算超支了，他要我幫忙想辦法讓金主們掏腰包支付這些競選費用。
我得發揮我的創意才行。
有了——我要讓郭德華（Ed Koch）親自來向大家拜託！

郭德華再怎麼浮誇，臉皮也沒厚到能夠什麼都不解釋就直接攤開巨額的競選費用要金主掏錢買單。於是我為他的「募款兼吐槽餐會（Gala Fundraising Roast）」設計了邀請函，好向大家募款。這封邀請函是一小張風琴摺頁，還沒打開前只有露出郭德華市長和藹可親的頭肩像；但是當你展開摺頁之後，你就會看到這個遇上麻煩的市長兩手各抓著一隻空空如也的褲袋、向大家拜託請求的完整圖像。透過這個大膽的舉動，市長不但直接坦白自己的處境，並且成功吸引了紐約權貴人士們的關注。這張摺頁成了城裡的熱門話題，引起熱烈的回響，有頭有臉的政治金主們把喜來登中心飯店（Sheraton Centre）的宴會廳擠得水洩不通。我在入口迎賓處放了一張市長和他的空口袋的真人尺寸放大照。一整個晚上，穿梭在會場裡的紐約大人物們紛紛清空口袋，模仿起市長的模樣！款項募到了，負債清償了，就連郭德華的頭號政敵們也不得不佩服他紐約式的厚臉皮。

發揮你的創意——要給（肥）貓剝層皮的方法可多著呢。

Gala
Fundraising Roast for
Mayor Edward I. Koch

Roast:

Hon. Walter F. Mondale
Hon. William H. Mulligan

Rebuttal:

Ed Koch

Finance Committee
Chairman

Peter J. Solomon

Dinner Co-Chairs

Sol C. Chaikin
William M. Ellinghaus
Harold L. Fisher
Bess Myerson
Vitto J. Pitta
John Torres
Lloyd A. Williams

Tuesday
September 15
Sheraton Centre

Cocktails at 7:00 pm
Dinner at 8:00 pm

Dinner Co-ordinator

Ellin Delsener

72.
二十位可愛的女士
舉著我花十美元製作的抗議標牌
阻擋了紐約史上最有權勢的政客。

一九六二年,主管紐約公路建設的長官羅伯特·摩西 (Robert Moses) 裁定,為因應汽車運輸的需求,將興建一條四線道汽車公路貫穿三十二哩 (五十公里) 長的火島 (Fire Island),而這位掮客高手在紐約地上地下、城裡城外蓋了無數條公路,卻沒有真正將大眾運輸的需求放在心上。

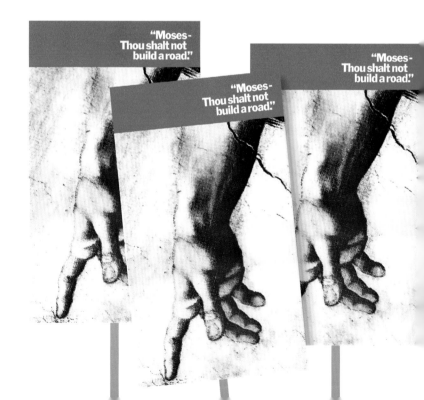

這項計畫打算在火島上開通一條公路穿過成列的度假屋，此舉將會讓這個如詩般優美的社區變成加州高速公路。我和家人最近才發現這裡是夏日放養家中兩個男孩的度假勝地，這個消息讓我太太蘿西氣炸了，她組織了一個「火島居民自救會（Tenants Committee of Save Fire Island）」來阻止興建摩西公路。為了助我太太一臂之力，我設計了一張海報——給摩西的第十一誡！我想讓我們的鄰居們與有力人士了解，真正有權有能的是上帝，而不是摩西。我替蘿西與她的自救會夥伴們製作了數十個大型的抗議標牌。而她們真的就去舉牌抗議了！憑藉著上帝責難之手的力量，蘿西和她率領的家庭主婦們在公聽會上要摩西滾出去！當然這條公路也從來沒有建成過。

這又再一次證明了創意可以解決任何問題，而且還幾乎不花什麼錢！

「摩西——不可興建道路。」

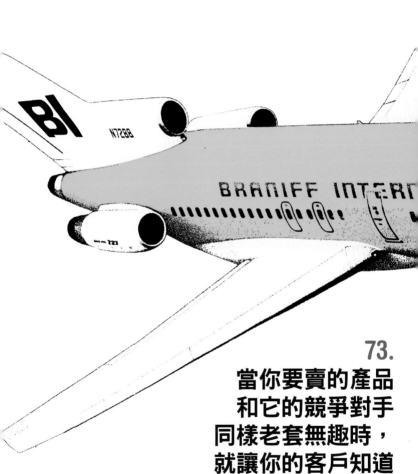

73.
當你要賣的產品
和它的競爭對手
同樣老套無趣時，
就讓你的客戶知道
他該如何脫穎而出。

一九六〇年代中期，聰明、堅毅、又美麗的「神力女超人」瑪麗·威爾斯（Mary Wells）離開了「恆美廣告」加入「傑克提克與合夥人廣告公司（Jack Tinker & Partners）」。她一出手就套住了哈定·勞倫斯（Harding Lawrence），這個槍不離身的德州佬不但成為她的客戶，還成為她的先生。勞倫斯不久前才接掌了布蘭尼夫國際航空公司（Braniff International）的大位，他很清楚這家航空公司就跟主要的競爭對手「美國航空（Ameri-

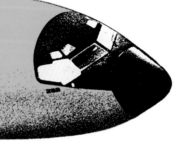

can Airlines）」一樣毫無生氣。布蘭尼夫正是瑪麗·威爾斯·勞倫斯的客戶，而雄心勃勃的她知道自己的新婚丈夫打定主意要有所作為，因此她擬定了一套足以嚇跑一般客戶的大膽計畫。在離開「傑克提克與合夥人廣告公司」之後，威爾斯成立了「威爾斯瑞奇葛林廣告公司（Wells, Rich, Greene）」並且展開布蘭尼夫的改造新計畫：舉辦選美比賽徵選空中小姐，並請埃米里歐·普奇（Emilio Pucci）為她們設計「太空時代」的制服；由亞歷山大·吉拉德（Alexander Girard）利用赫曼米勒（Herman Miller）的布料為機艙設計了五十七種不同的內裝；配備奢華真皮座椅；提供優雅精緻的美食餐點服務；亮麗嶄新的航廈；……以及最主要的，為所有布蘭尼夫機隊的機身，從頭到尾，換上九種鮮豔的色彩——所有的一切就是以**「終結乏味的飛機」**這則標語在向消費大眾做廣告。哈定·勞倫斯興奮地照單全收，並且將布蘭尼夫改造為全世界最時髦（也最火紅）的航空公司。這下真可說是天作之合啊。

74.
搖錢樹：學習利用名人 銷售產品的藝術

請名人來代言貓食、航空公司、場外投注、止痛藥、或者給汽車上潤滑油的服務似乎是個痴心妄想的作法，毫無理性可言（而且感覺就像是個只想找名人上床的變態想出來的點子）。但我們必須承認這是個崇拜名人的世界；我們只要看到名人的臉孔就全都昏了頭。名人可以為任何地方、產品、或情境立刻增添風格、氛圍、感情、與／或意義——與其它廣告「符號」極為不同。操作的絕竅在於要從概念上挑選能夠激發你的廣告概念的名人（然後說服他們放棄藉此大賺一筆的念頭！）。邀請到完美的名人來代言，你便有能力企劃出足以深入流行文化的新語言與吸睛的圖像，而你的廣告傳播也將提昇到其它競爭者只能吃土的層次了。

這時候，名人……就會成為你的搖錢樹。

強調功能性、實用性的褲襪品牌「No Nonsense」看似不具性感魅力，但自從平面廣告上宣告了該品牌每個月將向一位名人致敬（捐款給這位名人支持的慈善機構）之後，這些過去絕不會出現在這個褲襪品牌廣告上的女士們便紛紛排隊等著領取「No Nonsense」頒發的獎項：費‧唐娜薇（Faye Dunaway）、德州州長安‧理查茲（Governor Ann Richards）、葛蘿莉亞‧史代納姆（Gloria Steinem）、芭芭拉‧史翠珊（Barbara Streisand）、蒂娜‧透娜（Tina Turner）、歐普拉‧溫弗雷（Oprah Winfrey）、與其他三十五位女性為「No Nonsense」增添了性感魅力。

No Nonsense美國女性獎，
獻給伊莉莎白·泰勒

一生懷抱著熱情與愛心的她，
仍然是全世界最美麗、
最令人生效尤之心的榜樣——
對於她在倡導對抗愛滋運動上的
不遺餘力，我們深表感謝。

75.
換個名字就大不同！

明明是革命性的產品、名字卻平凡無奇，那麼就為它創造一個響亮的名字吧（再加上一個吸睛的廣告企畫）。二〇一〇年底，可調焦個人化度數眼鏡的發明人找上我。這副眼鏡讓配戴的人可以透過移動鼻樑架上的滑桿調整看書、看電腦螢幕、看電影、或者看遠山風景時的鏡片焦距——神奇地找回你年輕時的視力。史蒂芬‧柯定博士（Dr. Stephen Kurtin）與他的行銷團隊將這個產品命名為「真聚焦（Trufocals）」，他希望我替「真聚焦」製作一段廣告。我直截了當跟他說，跟這麼厲害的產品比起來，「真聚焦」這個名字又遜又難記，太平淡無奇了。

我堅持，要我做廣告的話就得先把這個名字換掉。這個提議要付出不少代價，因為他們已經在美國部份地區展開廣告宣傳活動了。三天之後，我提出了「超焦點（Superfocus）」這個名字，加上醒目的標誌與廣告標語「用超焦點看遠看近看世界（See the world, far and near, in Superfocus）」；另外再搭配一支由五位名人代言的廣告，廣告中他們的結語都是「現在我看世界的眼光⋯⋯都是『超焦點』（Now I see the world...In Superfocus！）」「超焦點」這個名字與電視廣告開始在全國的有線電視上放送之後，它的威力立刻讓這些設計精湛的眼鏡（美國太空總署的太空人會在太空梭與國際太空站上配戴這些眼鏡）在行銷上大為成功！

記住，你比你的客戶更了解品牌經營是怎麼一回事。

（這就是為什麼他們需要僱用你！）

SEE THE WORLD, FAR AND NEAR, IN SUPERFOCUS!

「每當我聽見那句經典的『噢，你可看見（O say can you see）』」時，我心裡頭總暗想著：『其實看不太清楚（Not that good）！』。雙焦點、三焦點、漸進式多焦點，沒有一種可以給我清楚的視力。
但是，現在我看世界的眼光……都是『超焦點』！真心不騙！」

佩恩‧吉列特（Penn Jillette）
美國喜劇演員與魔術師

76.
在這個英雄被污名化、
而小人正當道的時代，
一張創意圖像
可以成為具有象徵意義的聲明。

一九六七年，當穆罕默德‧阿里拒絕接受徵召入伍服役時，眾人紛紛指責他是逃兵，甚至說他是叛國賊。在改信伊斯蘭教之後，阿里成為一位黑人穆斯林，他也因為自己新的信仰觀點而成為一名拒服兵役的「良心抗拒者（conscientious objector）」。聯邦法庭以逃避兵役的罪名判決阿里必須入獄服刑五年，拳擊協會則剝奪了他的拳王頭銜、取消他的出賽權，而此時正是他拳擊生涯的巔峰。這個具有絕對爭議性的《君子》雜誌封面立刻成為動盪時代中非暴力抗爭時期的代表象徵。我的表達方式打動了許多對於越戰持堅定反對立場的美國人。在我讓阿里化身為殉道者聖塞巴斯蒂安的三年後，美國最高法院全體無異議通過撤銷之前對阿里的判決。

不論你在事業當中的哪個階段，你都要運用創意為我們的英雄挺身而出，保護你的文化去對抗惡勢力。

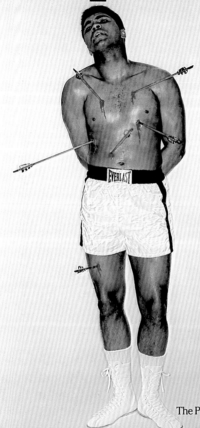

APRIL 1968
PRICE $1

Esquire

THE MAGAZINE FOR MEN

EVERLAST

The Passion of Muhammad Ali

「一九六○年代最具象徵意義的圖片就數喬治・路易斯為《君子》雜誌作的封面，他讓阿里化身為聖塞巴斯蒂安，將關於越戰、種族、和宗教等煽動性的議題結合在一起。這張圖片太具震撼性了，有些人甚至還記得自己第一眼看到這張圖片時是在什麼場合。」

77.

「所有成功廣告的祕訣
不在於創造新的、巧妙的用字，
而在於為大眾熟悉的文字
與圖片建立新的關係。」

李奧·貝納（Leo Burnett），傳奇廣告大師

"You're some tomato.
We could make beautiful Bloody Marys together.
I'm different from those other fellows."

酒瓶：「妳真是辣妹一枚。
我們倆可以調成漂亮的血腥瑪麗。我跟其它那些
傢伙不一樣。」

「我喜歡你，沃夫史密特。
你的滋味真不賴。」

"I like you Wolfschmidt.
You've got taste."

一九六○年代，酒精飲料廣告千篇一律都是豪華公寓加上笑容滿面的男女。我在《生活》雜誌裡終結掉了這些乏味透頂的廣告，一支熱情的「沃夫史密特（Wolfschmidt）」酒瓶與番茄（我們那個年代是這麼稱呼辣妹的）的邂逅就讓愛喝伏特加的人們與整個廣告界既驚又喜。一星期後，這支色瞇瞇的酒瓶正打算與甜橙調情，卻反被甜橙打臉：「上星期和你在一起的那顆火辣番茄是誰？」接下來的每一週，沃夫史密特分別和檸檬、萊姆、橄欖、洋蔥打情罵俏，全都用上了略帶情色的雙關語。這就是為大眾熟悉的文字與圖片建立了新的（情色的）關係！**創意的祕訣是什麼？就是賦予它新的意義！**

「甜心寶貝，我欣賞妳。
我的滋味棒透了。
我會讓妳流露出真正的甜橙風情。
我會讓你成名。
吻我吧。」

"You sweet doll, I appreciate you.
I've got taste.
I'll bring out the real orange in you.
I'll make you famous.
Kiss me."

「上星期和你在一起的那顆火辣番茄是誰？」

"Who was that tomato
I saw you with last week?"

78.
我從來不是大衛·奧格威（David Ogilvy）廣告學派的狂熱粉絲（但這個廣告確實很令人大開眼界）。

只要去看看大衛·奧格威在他備受推崇的著作《一個廣告人的自白》（Confessions of an Advertising Man）裡提到的那些令人窒息的原則和規範，就會了解他和我在看待創意這件事情上是如何地天差地別了。**我的信念是，廣告唯一的規則就是——它沒有規則！**但我想大家所理解並實踐的奧格威文化，強調的是要創造出鮮明、難忘、獨特的視覺特色，好吸引你進一步閱讀它們冗長但精雕細琢的廣告正文。《穿著海瑟威襯衫的男人》（The man in the Hathaway Shirt）就是奧格威的經典傑作，在一系列的廣告中，一名男士擺出拘謹優雅的姿態，穿著漿得硬挺的海瑟威襯衫，戴上吸睛、充滿貴族氣質的眼罩，並且被冠上「蘭格爾男爵（Baron Wrangell）」的稱號（我猜，這是某種英式幽默吧）。

附註：一九五九年，也就是在一九六〇年我成立自己的廣告公司之前，奧格威先生曾經試圖要說服我加入奧美廣告（Ogilvy & Mather）擔任藝術指導，但我很清楚他的原則並不適合我。在我成立PKL廣告公司之後，他是最早打電話來向我道賀的人之一。

Hathaway and the Duke's stud groom

IT ALL STARTED with Richard Tattersall, the Duke of Kingston's stud groom. He dressed his horses in magnificent check blankets. Then English tailors started using Mr. Tattersall's checks for gentlemen's waistcoats.

Now Hathaway takes the Tattersall one step further. With the help of an old Con-necticut mill, we have scaled down this classic pattern to miniature proportions, so that you can wear it in New York. Yet its implication of landed gentry still remains.

You can get this Hathaway miniature Tattersall in red and grey (as illustrated), navy and blue, or mahogany and beige. Between board meetings you can amuse yourself counting the various hallmarks of a Hathaway shirt: 22 single-needle stiches to the inch, big buttons, square-cut cuffs. And so forth.

The price is $8.95. For the name of your nearest store, write C.F. Hathaway, Waterville, Maine. In New York, call OXford 7-5566.

79.
大部份設計師都忘了
他們的作品必須要與人類對話。

大多數的識別標誌和外包裝要不是抽象、模糊,就是曖昧、難懂、走幾何風,或者以上皆有。最重要的是,它們沒有傳達出任何意義。任何設計都必須要能將關於產品的某些資訊傳遞給消費者。它必須要包含一個中心思想;必須要讓人一眼就能看出你對於自己的感覺是什麼,要能夠傳達出這個商品存在的理由。它必須要表現出個性,有自己的血肉生命,眼神要閃爍光芒,笑容要開心露齒;要有個讓人一眼就能辨識的版面。這個版面必須要以完整的行銷創意作為骨幹架構。**假使你不能賦予你的設計任何意義,那麼你也只是在作白工而已。**(而如果你是個正在創業或開發新產品的企業家,給自己找個天才設計師吧!)

喬治‧路易斯設計
的識別標誌,
一九六二年~二〇
一一年

80.
你所有的廣告活動
都必須內建公關活動！

我許多的廣告活動都在一夜之間成了轟動一時的公關活動。舉例來說，一九六七年我替華爾街一家證券經紀商——當時還沒沒無名的「愛德華茲與漢利」證券經紀公司（Edwards & Hanly）——打造了第一支電視廣告。大名鼎鼎的電視脫口秀《今夜秀》（The Tonight Show）主持人強尼·卡森（Johnny Carson）很喜歡這支廣告（它們只在紐約地區播放），他每天晚上都在模仿這支廣告的廣告詞。但是紐約以外其它地區的觀眾搞不清楚他到底在模仿什麼，所以他得在他自己全國性的節目裡放送這段廣告，好讓美國人都了解這段模仿是從何而來。在這段十秒鐘的廣告裡，所有財富都莫名其妙進了山姆大叔（Uncle Sam）口袋的拳擊好手喬·路易斯（Joe Louis）直盯著鏡頭說：「愛德華茲與漢利，我需要你的時候你在哪裡？」卡森幾乎每天晚上都在模仿這個橋段。在另外一段廣告裡，米奇·曼托（Mickey Mantle）操著他濃重的南方口音說：「兄弟我跟你說，我剛上大聯盟的時候是個笨手笨腳、傻里傻氣、呆頭呆腦的鄉下土包子。是啦，我還是個鄉下人沒錯，但我現在認識了『愛德華茲與漢利』裡的一個傢伙。我在長進了、我在長進了。」卡森在短短幾個月裡，對著他的來賓說了不下十來次的「我在長進了、我在長進了」。還有另外一段廣告，廣告裡有一個孩子說：「我爸是太空人！」第二個孩子說：「我爸是消防員！」第三個孩子說：「我爸在『愛德華茲與漢利』上班！」接著你會聽到另外兩個孩子發出了「哇嗚！」的叫聲。「哇嗚！」也成了卡森的另一個常用語。在廣告開始播放的三個月後，「愛德華茲與漢利」增加了好幾千個新開的帳戶，並且成為美國第三知名的投資經紀商。**假使你的廣告沒有辦法成為全國上下茶餘飯後的閒聊話題，那麼你就失去讓它成名的機會了。**

「我在長進了。
我在長進了。」

"I'm learning.
I'm learning."

81.
假使你打算要批評什麼，
就不要有所保留。

美國劇作家、也是《青青草原》（The Green Pastures）的作者馬爾克‧康奈利（Marc Connelly，一八九○年——一九八○年）在紐約某家高級餐廳用餐的時候，被兩位劇評羅伯特‧班區利（Robert Benchley）、約翰‧麥克連（John McLain）當成是鄉巴佬看待。康奈利不太高興，他退回了他們點的一瓶品質極差的葡萄酒，並且瀟灑地跟侍酒師說：**「去把這瓶酒摔了、把酒桶拆了、然後把葡萄園給我夷為平地！」**這位了不起的劇作家跟我聊起這個故事，他跟我低聲說道：「我讓那些高級都市人見識見識該怎麼樣退掉一瓶酒！」在評判事物的時候千萬不要手下留情。**當你的同事或部屬拿出糟糕的作品給你看的時候，給他們無關痛癢的評論是完全沒有幫助的。**
某一天當他們功成名就的時候，他們會回頭感謝你曾經給他們直白的批評（或許啦）。

82.
就大聲說出來啊，該死的！

假使你有什麼話想說，假使你有了靈感，假使你內心澎湃洶湧不吐不快、就想把事情搞定、就想對現狀開罵，那就站起來大聲說啊！不論在生活上還是工作上，你要盡你所能過得誠實、有創意、夠坦率。（但假使你會害怕大聲說出口，或許那是因為你想說的話根本不值得一提。）

83.
在表達你的創意想法時，
不要說沒兩句話就要加個「你知道」、
「像是」、和「嗯」。

嗯，我的意思是，你知道的，就像是我說的，假使你表達的方式就跟今天好幾百萬人說話的方式一樣，那麼人家就會把你當草包看——像是，嗯，知道我的意思嗎？懂嗎？

84.
有時候，直接說出實話
就是解決禁忌問題最驚人的方法。

一九五九年，「小才是王道（Think Small）」成了讓一輛納粹汽車在猶太城市裡熱銷的好創意。在朱利安・柯尼（Julian Koenig）寫出這個廣告文案之前，所有汽車廣告講求純然的夢幻，總是會以浮誇的插圖或潤色過的照片強調廣告主打的汽車品牌，而這些虛華、迷人的圖像還會再搭配上華麗卻毫無意義的文案。車子愈大愈好，只有怪人才會去買這麼小、這麼難看的車；而且啊，唉唷，二次世界大戰前，由希特勒本人向斐迪南・保時捷博士（Dr. Ferdinand Porsche）下達開發「國民車」的命令可是眾所皆知的常識啊。但是當福斯汽車主打「小才是王道」的廣告企畫之後，它們的銷售便一路長紅了。全美國都愛這一系列的廣告——也連帶愛上這輛車。柯尼的文案簡單直白地陳述了小型車低油耗的真相，藝術指導赫爾穆特・克隆（Helmut Krone）則在不帶任何光澤的黑白版面上擺了一輛小「金龜車（Beetle）」，這樣的簡潔要比那些華而不實、異想天開的畫面來得更有力、更能說服人心。多年來，「恆美廣告」在作這一系列廣告時都採取扎實的創意策略，這讓許多才華洋溢的恆美廣告文案寫手能夠持續創造出精彩的廣告——這車的燃料都已經耗盡了，廣告還在繼續。有時候，**好創意就藏在真相裡**。

附註：六個月後，我說服克隆和我一起離開「恆美廣告」。我們共同成立了全世界第二間創意廣告公司——「PKL」廣告公司（Papert Koenig Lois）。

Think small.

Ten years ago, the first Volkswagens were imported into the United States.

These strange little cars with their beetle shapes were almost unknown.

All they had to recommend them were 32 miles to the gallon (regular gas, regular driving), an aluminum air-cooled rear engine that would go 70 mph all day without strain, sensible size for a family and a sensible price-tag too.

Beetles multiply; so do Volkswagens. In 1954,

VW was the best-selling import car in America. It has held that rank each year since in 1959, over 150,000 Volkswagens were sold, including 30,000 station wagons and trucks.

Volkswagen's snub-nose is now familiar in fifty states of the Union: as American as apple strudel. In fact, your VW may well be made with Pittsburgh steel stamped out on Chicago presses (even the power for the Volkswagen plant is supplied by coal from the U.S.A.).

As any VW owner will tell you, Volkswagen service is excellent and it is everywhere. Parts are plentiful, prices low. (A new fender, for example, is only $21.75.) No small factor in Volkswagen's success.

Today, in the U.S.A. and 119 other countries, Volkswagens are sold faster than they can be made. Volkswagen has become the world's fifth largest automotive manufacturer by thinking small. More and more people are thinking the same.

我錯愕，因為在紐澤西州的酒吧裡殺了三名白人的傳聞而判決魯賓・「颶風」・卡特（Rubin "Hurricane" Carter）必須入監服刑三百年，這是令人髮指的種族不公義。

我得作點什麼來幫他離開監牢——有了！我是廣告人，我可以在《紐約時報》第二版刊個小廣告！

這則廣告為「釋放『颶風』」的一系列游擊戰開了第一槍。我到「特頓州立監獄（Trenton State Prison）」探視魯賓・卡特，並且將我的計劃告訴他。幾天後，我就在全美國最具影響力的報紙《紐約時報》全國版的新聞區塊裡刊登了這則廣告。一個星期之內，我獲得了八十二位傑出公民的支持贊助，其中包括有漢克・阿倫（Hank Aaron）、戴夫・安德森（Dave Anderson）、哈利・貝拉方提（Harry Belafonte）、吉米・布雷斯林（Jimmy Breslin）、艾倫・鮑絲汀（Ellen Burstyn）、黛安・卡儂（Dyan Cannon）、強尼・凱許（Johnny Cash）、彼特・漢米爾（Pete Hamill）、傑西・傑克森（Rev. Jesse Jackson）、郭德華、諾曼・梅勒（Norman Mailer）、亞瑟・潘（Arthur Penn）、喬治・普林普頓（George Plimpton）、畢・雷諾斯（Burt Reynolds）、艾伯特・魯迪（Al Ruddy）、蓋・塔雷斯（Gay Talese）、比爾・沃頓（Bill Walton）、和巴德・尤金（Bud Yorkin），並且由穆罕默德・阿里擔任主席。這則廣告可讓一邊用早餐、一邊閱讀《紐約時報》的數

Counting today, I have sat in prison 3,135 days for a crime I did not commit.

If I don't get a re-trial, I have 289 years to go. Six months ago the 'eyewitnesses' who testified they saw me leaving a bar in which 3 people had been killed, admit they gave false testimony. Despite this, the judge who sentenced me won't give me a re-trial. Why?

RUBIN HURRICANE CARTER NO. 45472 TRENTON STATE PRISON

連今天算進去，
我已經因為一項
我沒有犯過的罪名
在牢裡待了
3135天。

如果我沒有得到重審的機會，
我還得再待上289年。
6個月前，聲稱看到我走出一間
有三個人被殺害的酒吧的所謂
「目擊者」
承認他們作了偽證。
儘管如此，判決我有罪的法官
仍然不願意給我重審的機會。
為什麼？

魯賓‧颶風‧卡特
編號45472
特頓州立監獄

86.
堅持對抗種族主義的戰鬥，
不論要付出什麼代價。

一九七五年，當穆罕默德‧阿里投入領導抗爭、要求釋放在紐澤西州派特森（Paterson）被警方與檢察官構陷入獄的魯賓‧「颶風」‧卡特（見第八十五則）之後，「颶風基金」（The Hurricane Fund）整合了曼哈頓各項「颶風募款活動」（Hurricane Benefits）好為爭取重審的戰鬥做準備。媒體刊登了數百則相關報導，整個事件在阿里率領一萬名抗議者的遊行隊伍行經卡特被監禁超過十年的特頓州立監獄外時達到最高潮。「颶風」訴訟事件在全國掀起了一陣旋風。正當我忙於投入大量的宣傳時，我被「順風（Cutty Sark）」蘇格蘭威士忌的老闆找進他的辦公室，它們當時是我價值五百萬美金的廣告客戶。我走進艾德‧赫瑞根（Ed Horrigan）的辦公室，他連個招呼也沒有，開口就對我咆哮：「路易斯，停下你手邊替那個黑鬼做的事，不然我就開除你。」我告訴他我相信卡特是無辜的，我也絕對不會對他置之不理。赫瑞根脹紅了臉，他氣呼呼地走到辦公室門邊，打開門，對我下了最後通牒：「最後一次機會，路易斯，要或不要！給我一個答案。」我說：「不要。」第二天，他就和我的廣告公司斷絕合作關係了。我一直以做對的事而自豪。我要給這本書每一位讀者的忠告是：**做對的事，這樣直到你離世的那一天你都能以自己為傲。**

87.
「要是我們能讓巴布·狄倫來寫首抗議歌曲，並且在麥迪遜花園廣場（Madison Square Garden）辦場演唱會呢？！」

有時候，「要是（what if）」的念頭可以成真。沒錯，有許多一廂情願的想法都發揮了作用，但召喚出異想天開的「要是」並且讓它們化為現實……那就是創意了。一九七五年，巴布·狄倫在遁世多年之後再次回歸舞台，展開了他的「轟雷秀（Rolling Thunder Revue）」巡迴演唱會。在他旋風式的巡迴旅途中，我的「魯賓卡特辯護委員會（Rubin Carter Defense Committee）」正大肆宣傳著這位鬥士如何被構陷的故事（見第八十五則）。我的直覺告訴我，這位熱情的詩人會完全贊同穆罕默德·阿里與我在糾正粗暴的種族不公義這件事上所做的努力，於是我這邊打了電話、那邊再跟人拜託一下，最後在一場康乃狄克州的演場會後台見到了巴布·狄倫。在這張照片裡，我和保羅·薩波納基斯（Paul Sapounakis，我的協辦同仁）正在不斷催眠狄倫，說服他讓他相信卡特是無辜的，並且試圖刺激他為此寫一首歌，「也或許，呃，或許甚至可以辦場演唱會，巴布？」幾個星期後，他以抗議卡特被入罪為主題寫下了《颶風》（Hurricane），他在擁有強烈情緒反應的年輕觀眾前表演這首歌，而且（倒抽一口氣！）他還辦了不只一場、而是兩場的《颶風之夜》（Night of the Hurricane）演唱會——不知道為了什麼原因，他把第一場演唱會辦在監獄裡；過了幾天，在麥迪遜花園廣場則有另一場精彩無比的演出。

「要是」可以說是驚人的創意種子。

一九八八年，美國最高法院判定卡特是被不公平入罪的；一九九〇年，在入獄二十二年後，魯賓·卡特終於被還以自由之身。

巴布‧狄倫演唱會，
麥迪遜花園廣場，
一九七五年十二月八日

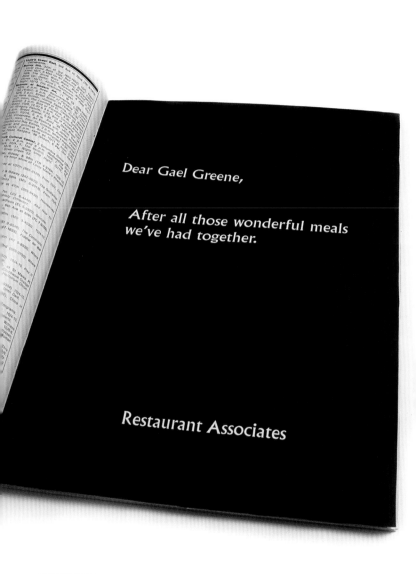

Dear Gael Greene,

After all those wonderful meals
we've had together.

Restaurant Associates

88.
面對殺傷力強大的評論……
就以溫文儒雅（？）的幽默來
四兩撥千金。

一九七〇年，《紐約》雜誌（New York）的餐廳評論家蓋兒・格林（Gael Greene）給美國最棒、最有創意的連鎖美食餐廳體系「餐廳聯合會」（Restaurant Associates）寫了一篇尖酸的評論文。她對「四季」餐廳（The Four Seasons）尤其刻薄，而不論是當時還是現在，「四季」提供的或許都可稱得上是紐約最精緻的餐廳體驗。我覺得她的批評太過吹毛求疵、有失公允，但她終究還是做了這件卑鄙的事。她的文章對「餐廳聯合會」造成極大的衝擊；他們的生意開始走下坡，連同在美國股票交易所（American Stock Exchange）的股價也一路慘跌。「餐廳聯合會」的老闆們先是一陣驚惶失措，接著便怒不可遏。他們叫我把他們在《紐約》雜誌上刊登的廣告全都撤掉。我先要他們冷靜下來，接下來我並沒有放任他們以自我毀滅的方式發洩怒氣，而是說服他們再刊登一則新廣告（就在炮轟他們的那本雜誌上！）。我這一封寫給「親愛的蓋兒・格林」的信，以溫婉但直截了當的語氣清楚地告訴了聰明的讀者：「蓋兒・格林可是在我們這兒吃過好幾十次飯呢——結果現在她竟然反過來咬我們一口？」「餐廳聯合會」的粉絲們在下一期的《紐約》雜誌上看到這則打臉文都非常開心——自此餐廳的股價不但反彈大漲，想要預約用餐的話更是一位難求。

（幾個星期後，我邀請了已經卸下心防的蓋兒・格林一起用餐——地點當然是在「四季」餐廳囉。）

這件事情教會我們什麼？儘管反擊，但別只是裸袖揎拳，戴上你的絲絨手套吧。

89.
是厲害的藝術指導，
就有責任要：

在出色的文案搭配下創
作出色的廣告！

在普通的文案搭配下創作出色的廣告！

在糟糕的文案搭配下創作出色的廣告！

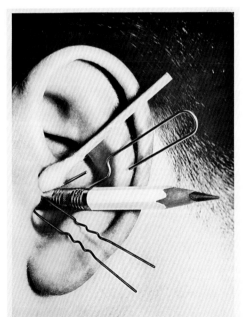

在沒有文案的搭配下創作出色的廣告！

在廣告公司的廣告製作團隊中，最後的決策權必須掌握在藝術指導的手裡。

90.
身為創意人卻缺少幽默感，
那他的麻煩大了。

物理學家、醫生、會計師、律師、清潔員等等，就算缺少幽默感，還是可以在他們的工作上有傑出的表現；但是缺少幽默感的創意人是沒有辦法持續創作出能夠傳達溫暖與人性給大眾的作品的。創意裡的幽默就如同生活裡的幽默一樣。人們經常問我：「幽默在廣告裡有用嗎？」但這是個蠢問題。有人會問：「幽默在生活當中有用嗎？」假使這個幽默恰當又有趣（不有趣就不叫幽默了），它就應該是「有用」的。這個問題應該這麼問：「少了幽默，你怎麼有辦法生出創意來？」毫無疑問，在任何形式的溝通當中，幽默都可以自然而然地贏得人心。只要檢視我這些年來的作品、演講、和我寫的書，就會發現要將「幽默」抽離出來很困難，因為它幾乎存在我所作的每一件事當中——也存在我大部份清醒的時刻。一些想法和圖片以嚴肅說教的方式呈現會讓人心生排斥，但幽默可以卸下人們的心防，讓人更願意接受。只要用有趣的方式來陳述嚴肅的主題，你每回都能說動人心。

風趣可以啟發心智。我們談的可是嚴肅喜劇喔！

假使你不認為次頁的圖片很有趣，
那麼你便少了幽默感。

WE'RE PUSHING LEOTARDS

Cold and getting colder: now's the time to push stretch tights. Here's how Chemstrand helps you do it. With a full-page color supplement (theme: Tights for every use and age) that Chemstrand Publicity just released to newspapers in 100 key markets. With a special Promotion Kit containing two counter cards that are corkers, and a host of selling tips. (Look for the kit around December 1.) Tie in your windows, ads, interior displays. There's big business in leotards. Get your hands on some.

Chemstrand nylon

A Coty Cremestick turned Alice Pearce...into Joey Heatherton.

And you thought lipsticks weren't important, eh?
Another Cremestick trick: they're moisturizing,
but they're never greasy.
And zip! They're on in a stroke.
Ask Alice Pearce.

Some luscious Cremestick colors:

And:

91.
「有料——就秀出來！」

「有料——就秀出來！」這句話是標準的美國常用口語。一九六七年，
這句話被創造出來作為一系列令人難忘的「布蘭尼夫航空公司」廣告的
主題——在異想天開的廣告裡，一對對全世界最詭異的雙人組合正在交
換著從電視上聽來的最新奇、最熱門的情報。我安排的雙人組合包括有
普普藝術大師安迪‧沃荷（Andy Warhol）與完全搭不上線的索尼‧里斯
頓（Sonny Liston）……洋基隊王牌投手惠特尼‧福特（Whitney Ford）
與超現實大師薩爾瓦多‧達利（Salvador Dali）……英國女喜劇演員赫

邁妮·金格爾德（Hermione Gingold）與好萊塢硬漢喬治·萊福特（George Raft）……詩人瑪麗安·摩爾（Marianne Moore）與犯罪文學作家米奇·史畢蘭（Mickey Spillane）。或許在當時就可以預見這句「有料──就秀出來！」會成為我的事業的同義詞，現在在美國流行文化裡更被用來當成是時髦、真性情的人格指標。所以，對於像各位這樣有抱負、真性情的天才們，在你們走上名利之路的同時我有絕妙的六字真言相送：有料──就秀出來！

92.
為什麼我痛恨被稱為「廣告狂人本尊」（以及為什麼你「搞清楚狀況」的話，你就可能會跟隨我的腳步）。

在一九六○年的第一個禮拜，也就是《廣告狂人》電視影集設定的背景時間，我成立了全世界第二間創意廣告公司「PKL廣告」，開啟了今日備受推崇的「廣告創意革命（Advertising Creative Revolution）」。在傳播藝術史上，一九六○年代是一個英雄的年代——當時的行動派人士們和《廣告狂人》裡的那些角色沒有一丁點相似之處。這個看了就令人火大的節目不過是齣肥皂劇，一群衣冠楚楚的笨蛋坐在豪華辦公室裡和仰慕他們的美麗女秘書調情，馬汀尼（martinis）一杯喝過一杯、菸一根抽過一根、製作出來的盡是些無聊乏味的廣告——卻忽略了在這段騷動、有如雲霄飛車般的六○年代還有鼓舞人心的人權運動（Civil Rights Movement）、勢不可當的女性解放運動（Women's Lib Movement）、萬惡的越戰、以及其它徹底改變美國的大震盪。

我愈想《廣告狂人》，就愈覺得那對我個人來說是一種侮辱。去你的《廣告狂人》——你這個騙子、穿著「灰色法蘭絨西裝」的傢伙、男性沙豬、蠢才、白人權貴、白襯衫假掰男、種族主義者、反猶太主義者、共和黨的王八蛋！

還有，我三十幾歲的時候，長得可要比唐·德雷柏（Don Draper）稱頭多了。

喬·漢姆
（Jon Hamm）
飾演唐·德雷柏

喬治·路易斯本人
（一九六四年）

93.
假使你在辦公室裡的行徑就像《廣告狂人》電視劇裡的人物一樣風流，你的下場恐怕會很慘。

你要表現得像個有尊嚴、有紀律的專業人士：把你的熱情保留在創意事業的開發上，好好專注於你的作品。沒有人喜歡好色之徒，也不會有人想要和一個一眼看著自己的工作、另一眼卻緊盯著同事身材的人共事。想要毀掉自己正在起飛的事業，這絕對是最快、最下流的方法。

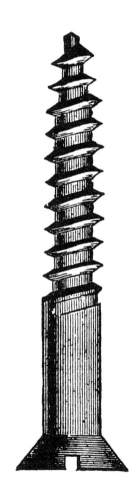

94.
唯一愈大愈好的東西只有陰莖。

一切創業家基於熱情所成立的事業都需要仰賴源源不絕的創意才能夠成長、成功。但要注意的是，企業的規模愈大，就會有愈多的部門、行銷研究、收購、合併、群體混仗、和分析癱瘓（見第二十五、二十六則）——而產品也就變得愈來愈糟糕：失去創意控制、失去熱情、失去你正在造就傑作的信念。就像我在一九七〇年代早期所作的預測，我愈是目睹「創意」廣告公司們的作品每況愈下（在它們經過成長、合併、收購之後），就愈加肯定這個道理：大只會更糟，小比較好。

95.
動力帶出動力。

工作狂總會被問到我們為什麼要這麼賣命。與其說這和工作倫理以及追求成功有什麼關係，實則為運動動作的結果。約翰·爾文（John Irving）在他的小說《蓋普眼中的世界》（The World According to Garp）裡的說得很好，「動力帶出動力（Energy begets energy.）」。當你的能量已經消耗到一個程度，運動動作就會產生腎上腺素供應給你的大腦和身體。對我來說，給身體戰鬥訓練的對戰遊戲（我還在打全接觸〔full-contact〕的籃球）和給大腦的智力訓練（我仍然沉迷於下西洋棋）是我生活方式中不可或缺的一部份。我相信運動與西洋棋強烈的理智主義有助於推動與維持創造性的精神。只要有開始運動，永遠都不嫌太遲；而假使你從未體驗過西洋棋當中完美的算計，可以思索湯瑪斯·赫胥黎（Thomas Huxley）帶有創造論色彩的這段話：「棋盤有如世界，棋子呈現了宇宙裡的各種現象，而下棋的規則便是我們所謂的自然法則。」

萬寶路（Marlboro）香菸公司的
第一位老闆死於肺癌。
第一個「萬寶路先生」
（Marlboro Man）也是。
結案。

我有兩個很要好的夥伴，都把自己當煙囪一樣抽菸抽得很兇。他們三十出頭歲的時候我警告過他們，他們這樣子恐怕活不過五十歲。很不幸地，他們兩位都在五十歲那年過世。想想你的家人、朋友、和你的生涯，如果我的疾呼可以感化你、斷了你的自殺之路，我會做的肯定不只是帶領你開創精彩的事業而已。你就繼續抽菸吧，這樣在你大限未到之前，你就可以先體會長眠的滋味了。

P.S.我想當我回頭再看我替印尼菸草公司（Indonesian Tobacco Co.）設計的識別標誌（見第七十九則）時，內心該是要感到懊悔的。

斯湯頓西洋棋組（Staunton Chess Set）
納薩尼爾・庫克（Nathaniel Cook）
（以西洋棋大師霍華德・斯湯頓〔Howard Staunton〕
的名字來命名，一八四九年）

97.
當你遇到了你的伴侶，
千萬不要讓他（她）離開。
（你的創意之泉將永遠不會枯竭。）

我在普瑞特藝術學院的第一天遇見了蘿絲瑪莉‧雷萬朵斯基（Rosemary Lewandowski）。她是第二代的波蘭裔美國人，從雪城（Syracuse）來到紐約市求學，打算在這裡建立她的藝術事業，並且多認識一些文人雅士。結果她遇到的是我。我看著她的臉，再盯著她的腿瞧了好一會兒，我知道她就是會伴我度過餘生的那個女人。六十年來，她愛著我、滋養我、撫育我們的孩子、教導我們的孫子；她是當時少數的女性藝術指導之一，同時也是一名活躍的畫家；她會看過（並且認可）我的每一件創作，而且還不只如此——那些通常由我居功的作品，其實都有她在幫著我一起出主意、想文案。

身邊有一位懂你對生活與工作的價值觀、並且也為它投入極大心力的伴侶，那真是無上的幸福。

喬治與蘿絲
拍攝於一九四九年、他們初次於普瑞特藝術
學院見面的十分鐘後

98.
只要有一天沒工作
就會讓我心慌意亂。
你呢？

在爆發失業潮的那些日子裡，我發現我這輩子從來沒有哪一天沒工作過。打從六歲開始，放學下課後我就一直待在我老爸的花店裡，連週六和週日也是如此。我送花、打掃、刷油漆、澆水、修剪枝條、包裝、還到街頭兜售。我老爸要我做什麼我就做什麼。我每天都盡全力工作好幫忙維持家計。從一九五〇年我在廣告界拿到第一份工作開始直到今天，只要想到有哪一天我會沒有「做好我的工作」就會讓我心慌意亂。想到可能會創造出傑作的那種興奮，就會讓人每天都迫不及待要跳下床。
把每一天都當成是你的最後一天來努力幹活吧。

99.
別把你的光陰都睡掉了。

我對睡眠的認知是它是個善於啃噬的可怕敵人，一個人可以工作的時間有三分之一被它給搶走了。以一個八十歲的人來說，二十三萬三千六百個小時的清醒所能做的事會對他的生命帶來多大的意義啊。因此，假設你現在二十歲而你將會活到八十歲，每天少睡一個小時的話——你就會比那些正在打瞌睡的競爭對手們多清醒、多產出了二又二分之一年！所以說，如果你一天睡八個小時，就訓練你自己只睡七個小時！如果你一天睡七個小時，就訓練你自己只睡六個小時！如果你一天睡六個小時……，好吧，你知道重點是什麼。而假使你跟我一樣的話，一天只要睡三個小時就好了。（我已經比任何活著的人類清醒得要久了。）

喬治‧路易斯與他的父親，
哈拉藍波斯‧路易斯（Haralambos Lois），
拍攝於布朗克斯（Bronx）的自家花店門前，
一九七二年

如果我一早沒有翻閱《紐約時報》，我就會覺得自己好像要對這一整天的創意思考發動攻擊卻手無寸鐵一般。

我的創意影響力來自於一個兼容並蓄的大雜燴，有布朗克斯的校園、棒球術語、連環漫畫、《每日新聞》（Daily News）標題、「馬克斯兄弟」（Marx Brothers）的電影、法蘭克林‧迪拉諾‧羅斯福（Franklin Delano Roosevelt，此處縮寫為FDR）的演講、流行歌曲、和其它大眾流行文化。在學生時代，我的時間被分配給送花、打籃球、畫畫、作模型飛機、參訪藝廊和博物館——一直到我將近二十歲的時候，我終於了解到每天早上花一小時閱讀《紐約時報》可以讓我隨時跟上「時代」思潮（the zeitgeist of the times，這裡是故意拿來當雙關語）並且獲得啟

"All the News That's Fit to Print"

The New 1

VOL. CLX ... No. 55,394   © 2011 The New York Times   NEW YORK, TU

BEHIND THE HUN

The Raid

Osama bin Laden, three other men and a woman were killed during a 40-minute raid by the United States Navy Seals on the outskirts of Abbottabad, Pakistan early Monday.

Bin Laden and his family had occupied the second and third floors of the **main building**, the last area to be cleared by American forces. He was killed in the latter part of the battle.

Residents burned their own trash here.

GATED ENTRANCE

發。要論直達人心、內容廣博、調查研究、與報導分析的力量，廣播、電視、和網際網路都無法與世界上了不起的報紙——倫敦《泰晤士報》（The Times）、法國《世界報》（Le Monde）、西班牙《世界報》（El Mundo）等等——相匹敵。對於像你們這群著迷於科技的年輕世代來說，閱讀好報紙的深入新聞報導就能讓你每天都勝過那些從來不好好編輯、不確認內容事實的部落客。

再者，假使你閱讀的時候夠專注，你會看到報紙裡到處都有靈感可尋。

Late Edition

Today, periods of clouds and sun, warmer, high 75. Tonight, showers and a thunderstorm, mainly late, low 56. Tomorrow, showers, breezy, cooler, high 62. Details, Page A20.

rk Times

MAY 3, 2011 $2.00

FOR BIN LADEN

Clues Slowly Led to Location of Qaeda Chief

7-foot-high privacy wall

13-FOOT WALL

This article is by Mark Mazzetti, Helene Cooper and Peter Baker.

101.
如果你是位男性、而且你仍然認為女性沒辦法與你匹敵，那麼老兄，你會連自己什麼時候被她幹掉的都不曉得。

傑克‧尼克遜（Jack Nicholson）有句名言：「這年頭，女人連屌都比男人大。」在女權運動展開之前，男性完全主宰了藝術指導與設計領域——但老兄，現在女性地位已經大有進步了。一九六〇年代廣告創意革命之前，只有少數幾位女性能勇敢與體制對抗（賽普‧皮妮勒斯、瑞芭‧索契絲），但後來就出現了許多優秀的女性藝術指導，包括：露絲‧安索（Ruth Ansel）、碧‧法艾特勒（Bea Feitler）、露意絲‧菲利（Louis Fili）、珍奈特‧弗洛里赫（Janet Froelich）、瑪麗亞‧卡爾曼（Maria Kalman）、南西‧萊斯（Nancy Rice）、和寶拉‧雪兒（Paula Scher）。這年頭，只要妳是有才華的女性（而且有膽識的話），成為平面設計師、建築師、電影導演、時裝設計師、室內設計師等的機會可比以往更多了。

路易斯一九六五年為《君子》雜誌所作的封面，
放肆大膽的設計為新興的女權運動下了一個註腳。

102.
假使你正在讀這段文字、而且人生也正朝向五十大關邁進,請記得橡樹可是要到五十歲才會開始結橡果的。

查爾斯‧達爾文(Charles Darwin)在五十歲那一年寫下《物種源始》(On the Origin of Species)。

奶昔機業務員雷‧克拉克(Ray Kroc)五十二歲時讓麥當勞(McDonald's)從一個小型連鎖餐廳搖身一變成為巨型速食王國。

桑德斯上校(Colonel Sanders)在六十幾歲的時候開創了肯德基(KFC)事業。

露絲‧魏斯海姆醫師(Dr. Ruth Weistheimer)在五十二歲那一年以暢言性事而聲名大噪。

露意絲‧奈佛森(Louise Nevelson)賣出第一件雕塑作品時已經五十幾歲。

紐約一所公立學校的教師法蘭克‧麥考特(Frank McCourt)在六十六歲那一年寫下了《安琪拉的灰燼》(Angela's Ashes),並在隔年獲得普立茲獎(Pulitzer Prize)。

茱莉亞‧柴爾德(Julia Child)年近五十才出版第一本食譜書。

A.C. 巴克提韋丹塔‧斯瓦米‧帕布帕德(A.C. Bhaktivedanta Swami Prabhupada)在六十九歲那一年創立「奎師那意識運動(Hare Krishna movement)」,當時他身上只有七塊錢。

仔細聆聽山繆‧貝克特(Samuel Beckett)在思索生涯後所作的沉吟:「屢試,屢敗;沒關係。再試,再敗;敗得更漂亮。」

103.
永遠不要驕傲自大。
（但最好是要夠自負！）

這兩者可是大不同。如果你驕傲自大，你就是個口沒遮攔的傢伙；但假使你夠自負，你便會是個自信的創意人！永遠不要驕傲自大，除非你是穆罕默德‧阿里（他在成為世界重量級拳王後的那個早晨說：「公雞只有看到光才會啼叫——把牠放在黑暗裡，牠就永遠不會叫——我已經看到光，現在正是我啼叫的時候！」）但是阿里只有一個。身為創意人，你必須有才華與自信，表現出「你的概念絕對令人難忘」的自負——它們有產生因果關係變化的力量。假使你是個創業家，你必須流露出自信。如果你身處創意產業，你必須要百分之百確定你的作品可以為客戶實現什麼，並且承諾它一定會做到這一點！（假使你沒膽做出承諾，那麼你絕對沒有出頭的一天。）

104.
學著去寫一段條理分明、言之有物、見解深刻、動人心魄的句子，來取代你錯誤百出、不加思索的推特發文（twittering）！

這段句子的長度小於一百四十個字元，符合推特的發文條件。

少發點推特短文，多思考。
何不在電子郵件裡使用合宜的英文，改變看看呢？
　（有什麼就寫什麼、寫什麼就做什麼、
要做就把它做到最好。）

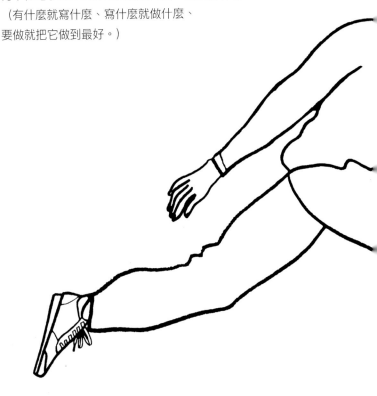

或者更好的作法是，停止浪費你的生命在推特上，去作一些有成效的事：去學畫畫！

圖畫可以讓創意被更有效地傳播溝通（所以如果你不會畫圖的話，就去學畫畫）。對於想要窮盡一生熱情成為一位畫家、雕塑家、建築師、電影導演、平面設計師、時尚設計師、產品設計師、舞台設計師、室內裝潢師、發明家、或甚至是創業家的人來說，假使你沒辦法以圖畫來表達你的創意，那就表示你根本「看不到」你的創意。就算是張勉勉強強的素描，也顯然有助於讓創意更具體化。因此，假使你還不會畫畫，就讓它成為每天的例行作業開始學習。這不但會讓你成為更好的創意溝通者，而且能為你看世界的方式增添更多樂趣。

這是數百萬張為建議廣告拍攝鏡頭所畫的草圖之一。繪圖者：喬治·路易斯（繪於一九八六年，主角為湯米·席爾菲格，搭配的標題為「是什麼讓湯米奔跑？」）

你沒辦法教螃蟹直著走。

106.

螃蟹就是螃蟹，蛇就是蛇；而在你創意生活的日常經驗裡，笨蛋就是笨蛋。當你的直覺告訴你那些人面對「大創意」的雄心企圖只會無動於衷時，不論他們是老闆還是客戶，就拒絕他們，直接走出大門離開。

107.
別抓狂，保持心平氣和（？！）。

在《威尼斯商人》（Merchant of Venice）當中，莎士比亞讓夏洛克（Shylock）說了這麼一段話：「假使你拿利器戳我們，難道我們不會流血嗎？假使你搔我們癢，難道我們不會笑出來嗎？假使你下藥毒我們，難道我們不會死嗎？所以假使你欺負我們，難道我們不該報復嗎？」我不同意夏洛克的說法。我是這麼想的：就算了吧！別讓這些惱人的事情混亂了你在命運道路上該走的方向。如果你不斷執著在這些事情上，贏的是他們，輸的是你。所以不要去提告，不要發牢騷，不要忘了你所要前進的目標！

P.S. 然而當我看到我黑名單上某個人的訃聞時，我會拿起這張報紙給我太太看、一邊大喊著：「我就跟你說我遲早會給這狗娘養的一頓修理。」

108.
「那你他媽的為什麼不一開始就這樣做！」

一九六○年，餐飲大亨喬・鮑姆給我上了一堂對所有人類來說最為受用的課。這位將美國餐飲文化轉變為戲劇性與美感體驗的先驅視我為他在廣告專業上的導師。有回我們坐在他豪華的「帝王會（Forum of the Twelve Caesars）」餐廳的吧檯旁邊，鮑姆一直在留意著我是否有注意到他點「血腥瑪麗（Bloody Mary）」時所作的每一個動作。在啜飲他的酒之前，他問了酒保：「這是你能調出的最棒的血腥瑪麗？」「沒錯，鮑姆先生，」酒保回答得十分肯定。「你喝喝看，」鮑姆說。酒保喝了一口，思索了一下。「很好喝，」他語氣堅定地說。「你能再作一杯『更好』的出來嗎？」鮑姆問。酒保再調了一杯新的血腥瑪麗。「現在試試看新的這一杯，告訴我你的感覺，」鮑姆說。酒保喝了一口。「非常好喝，鮑姆先生。這杯太完美了！」「那你他媽的為什麼不一開始就這樣做！」偉大的喬・鮑姆厲聲斥責。

在你人生中任何時候做任何事都要記著這個故事，就算是掃地和洗碗盤也不例外。

109.
假使你工作時並不快活自在，
那你跟隻死鴨子差不多了。

在我二十出頭歲的時候，一位頂尖的女裝設計師曾經跟我說開發新的時裝品牌是很恐怖的日常工作經驗——「完全就是個地獄，」他是這麼說的。我半挖苦地建議他辭職，去找份碼頭工人的工作——我遇過許多靠勞力工作的男男女女，他們都以自己的工作為榮，工作時總是用盡全力，而且臉上都掛著笑容。愈是努力工作愈要笑得開心，否則你就會慢慢變成行屍走肉，連你的工作都會表露無遺。不論在哪種創意產業裡，要保有創意，就必須讓活力不斷流動、暢通無阻，並且對於發想出一個又一個的創意感到些微的焦慮。我喜歡用「快活自在（loosey-goosey）」這樣的說法來形容我帶著熱情與歡喜投入工作時的那種氛圍，對我來說那是不可或缺的。我喜歡身邊圍繞著經常微笑、想到就開懷地笑、而且夠聰明聽得懂我的雙關語的人。創作的樂趣就是生活的樂趣，它應該要能滲透、並且塑造我們與他人共事的所有面向。在許多地方，**對生命的熱愛、來自生活與工作的無上喜悅，必須要深入散布於你工作的各個面向。**

110.
在一絲不苟的環境裡
舒服自在地工作（就像你所看到的）。

大多數人會在舒服的環境裡一絲不苟地工作著。（這世界上有許多人堅持他們不論在哪都要有「在家」的感覺。我說這是邋遢鬼的強辯之詞。）我喜歡人們在有條理、嚴謹的環境下不拘小節的樣子。表現快活自在的人們

喬治‧路易斯，一九七三年

（見第一百零九則）會營造出一種氛圍，讓你能夠思考並分享你的創意，不必擔心被指責怎麼盡說些空洞和愚蠢的話。再者，我想我從來沒有在穿著西裝、打著領帶的情況下生出什麼「大創意」過。

111.
讓你周圍的環境成為
「你是什麼樣的人」的一種象徵。

我曾經造訪過一位偉大建築師的辦公室,他周遭環境的雜亂無章與毫無品味可言讓我大為震驚。他的辦公室與他所創造出來的建築環境是如此天差地別!他畢一生之力讓自身以外的世界看起來更美更和諧,然而當他埋首於工作時,放眼所及竟然是一個亂七八糟的房間。

我唯一允許放置在我書桌上的就是我正在進行的工作。另外,在我的工作區域裡,牆上也不會有任何東西(除了我的十九世紀賽斯·湯瑪斯〔Seth Thomas〕古董鐘)能讓我從書桌上我該專注思考的工作中分心。我一直投入許多心力在營造我周圍的環境,因為在我身邊的這些物件、外觀、和樣式都必須符合我對美感的要求。你的工作環境不應該是給客戶看的展示品。(實際上,我的客戶第一眼看見我的辦公室時,通常都會給我一個異樣的表情。)

我所信仰的價值全都反映在這張我工作區域的照片裡:精確、簡潔、透澈。

還有,你的家也不該是給你朋友看的展示品。你周圍的環境應該要與你是什麼樣的人、你喜愛的事物、以及你生命中看重的價值習習相關。

喬治·路易斯的辦公室與書桌
拍攝於LHC廣告公司,一九六九年

112.

我們都需要英雄。
我的英雄是保羅・蘭德
（Paul Rand），他反對傳統，
卻在保守的商業世界裡聲名大噪。

在我的平面設計前輩當中，保羅・蘭德是最頂尖的一位。他暴躁、易怒、卻充滿愛——他才華洋溢、品味出眾、懷抱著不可動搖的個人信念——拔群又反骨的蘭德儼然成為一代典範。他新奇、具有開創性的作品於一九三八年首次問世；而當我在一九四五年進入中學就讀的時候，三十一歲的蘭德已經享譽國際；一九四七年，他的著作《想設計》（Thoughts on Design，繁體中文版於二〇一六年由原點出版社出版）出版將他推上巔峰，這本書在我海量的藏書中佔了一個極為尊貴的位置。這本聖經早已破破爛爛，在我十來歲的時候，我總是一而再、而再三地反覆翻閱它。保羅・蘭德在設計世界裡對抗平庸的戰役為我的餘生立下了最高標準，因為我總是不斷試圖要在前人的基礎上精益求精。一九八五年，位於布魯克林的普瑞特藝術學院藝廊（Pratt Institute Gallery）開幕時，以向兩位普瑞特最重要的學生致敬為題舉辦了一場名為《保羅・蘭德與喬治・路易斯，偉大的傳播人》（Paul Rand & George Lois, The Great Communicators）的雙人展，一個小男孩的夢想於焉成真。

我堅定不搖地站在他寬闊的肩膀上。

保羅・蘭德與他的《眼睛（eye）、蜜蜂（bee）、
M字母》海報，根據他設計的IBM識別標誌改作
（一九八一年）

113.
讚揚你的良師。

當全世界都認為你已經「功成名就」時，你要一而再、再而三地讚揚你的良師們（假使你說你沒有遇到良師，那你就是個不知感恩的騙子）。我一生中有許多好運，包括我生長在一個辛勤工作的希臘家庭裡、和最契合的女人共結連理；還有三個人他們看出我的天份，引導我成為今天的我。我經常在演講和著作中提到他們。幾年後，當你也成為一個大人物，你要充滿熱情地提起你的良師們。希望你也和我一樣如此幸運。

艾達．英格（Ida Engle）

我七年級的美術老師英格女士注意到我在 P. S. 7 的畫畫作品，她給了我一個黑色綁帶的檔案夾，裡頭全是她替我保留下來的畫作，而且她還送我去「音樂與藝術中學（High School of Music & Art）」（這是費歐雷洛．拉瓜蒂亞市長〔Mayor Fiorello LaGuardia〕在一九三六年成立的一所很棒的學校）參加一整天的入學考試。當我的入學申請被熱烈地接受時，我知道我以後絕對不會是一個花藝師了。

我在普瑞特的第一年並不好過，因為那時候做的只是拿我在「音樂與藝術中學」那段成長期的舊東西來簡單改作而已。但在我升上二年級之後幾個月，一位打著蝴蝶領結、唯美主義的設計老師幫助我開啟了我的事業，他送我去瑞芭‧索契絲的設計工作室上班。雷維特先生在普瑞特學院春風化雨十一年，了不起的是，他的門生中有七位獲選進入「藝術指導名人堂（Art Directors Club Hall of Fame）」，包括：史帝夫‧法蘭克福（Steve Frankfurt）、鮑伯‧吉拉爾迪（Bob Giraldi）、史帝夫‧霍恩（Steve Horn）、喬治‧路易斯、席拉‧梅茲納（Sheila Metzner）、史丹‧理查茲（Stan Richards）、以及藍恩‧席洛維茲（Len Sirowitz）。

赫胥爾‧雷維特

瑞芭‧索契絲

我職業生涯最棒的一段日子就是在我遇到瑞芭‧索契絲的時候——她是位傑出的設計師、了不起的女士、也是屬害的咒罵專家。這位設計圈最可愛的女士（她的鼻子比我還彎）是入選「藝術指導名人堂」的幾位現代主義設計師中，第一位與我共事的設計師（其他還有比爾‧戈爾登、賀伯‧魯巴林、比爾‧伯恩巴赫、以及鮑伯‧蓋吉〔Bob Gage〕）。在離開普瑞特學院後的一個禮拜，我拿到了第一張薪資支票兌現換來的現金；我簡直不敢相信，在她完美主義的王國裡，她竟然會付錢讓我在這裡精進我的手藝。

114.
你創作出來的廣告是經典（icon）還是詐騙（con），就看你是否深信你所傳遞的訊息遠不只是關於產品或服務的購買而已。

一九六一年，班傑明·史波克醫生（Dr. Benjamin Spock）請我作一張紐約地鐵海報。雖然冷戰（Cold War）時期並沒有任何一顆核彈被投下，但當時美國與蘇聯在大氣中進行的核子試爆正威脅著地球上所有生命的存續。史波克醫生是「理性核能政策委員會（Committee for a Sane Nuclear Policy，SANE）」英勇的領導人之一，他想提醒社會大眾注意諾貝爾獎得主科學家們的警告——來自於放射性材料的輻射落塵將會使帶有缺陷的胎兒與死胎的數量持續上升。

這張海報結合了一名懷孕婦女的圖像與一段強而有力、訴諸事實的標題文字。當時的媒體說我是共產黨的同路人。今天，在一九六三年簽訂《核子試驗禁止條約》（Nuclear Testing Ban Treaty）的半個世紀後，人們或許很難想像一張關於核子輻射塵造成致命危害的海報竟然能夠激起公憤。但在那段令人提心吊膽的日子裡，有許多人因為這張海報的圖文表達方式而得到了啟發。

如果你不相信廣告可以成為經典而不是詐騙，
那麼你永遠沒辦法了解偉大創意所擁有的潛力。

1¼ Million unborn children will be born dead or have some gross defect because of Nuclear Bomb testing

有一百二十五萬未出生的胎兒
會因為核子試爆而成為死胎或
帶有明顯缺陷。

SANE

47 East 19th Street, New York 11, New York, OR 7-2369.

在這期《君子》雜誌的封面上，安迪・沃荷沉入了他自己的濃湯罐頭中。當我把這期《君子》雜誌寄給安迪・沃荷時，這位頭戴假髮的大人物拜託我，說他願意以一張的金寶湯濃湯罐畫作（現在市值數百萬美金）來和我交換雜誌封面的原作。但是我拆安迪，將來有一天我會把原作捐給紐約現代美術館——二〇〇八年，我真的捐了。

115.
我們作的算是「藝術」嗎？

廣告與平面設計的創意，就像我經常在做的，是藝術。我的專業承自於這些非凡藝術家們的浪漫思想。我很堅持我的平面設計作品是神聖不可侵犯的；即便在為商業目的服務上發揮了極大的功效，但它們都是以對藝術、而非對科學效忠的精神所創作出來的。我是個不折不扣的藝術家——而就如同二十世紀的藝術家令人感到驚心動魄一般，離經叛道正是我的工作充滿活力的表現。出色的創造性人格是「非組織人（nonorganization man）」的原型，而以精彩的手法對抗舊習應該是驅動創業家與我們所有身處創意產業的人們生活的力量。

假使你夠有天份、夠有熱情，你也能創造「藝術」！

116.
你在創作的時候最快樂。

你常常看到創意人提起創作過程當中種種的「痛苦與折磨」。噢,是嗎?他們和我活在兩個完全不同的世界裡。當你的心智不斷在運轉,內心渴望探索與獲得啟發的感覺會讓你上癮,它對於維持你的生命來說,就像性、食物、飲料一樣重要。創作過程中挖掘與追求答案的樂趣,會在你終於想出一個「大創意」的時候變成一種狂喜。每一分、每一小時、每一天過去,隨著時間的推移,創作過程的樂趣就是你通往真正幸福的昇華之路。

快樂的人會更努力工作。

工作應該要能夠使人類的心靈更高尚，而非殘害它；

所以我們不該是為了利益、而是要為追求盡善盡美而勞動。

（話說回來，有錢的罪人在生活中所擁有的那些好東西，有錢的聖人當然也值得享受。）

喬治‧路易斯，二〇一〇年

117.
如果你不知道你所嚮往的
那種創意人是怎麼來的，
你就永遠沒有辦法成為那樣的人。

一九七二年，我在夙負盛名的「紐約藝術指導俱樂部（Art Directors Club of New York）」擔任主席期間設立了「藝術指導名人堂」，我們選出了設計圈的八巨頭——他們都是革新者、概念思考者，跟隨著他們所打下的基礎，我們才得以在這一代成為現代化、有影響力的藝術指導與平面設計傳播者。此後每一年的選拔，不僅僅讓年輕一代心生成為設計師、文案、攝影師、插畫家、產品設計師等等的嚮往，它更是啟發靈感的重要來源。至二〇一二年為止，全球共有一百六十六位男士和女士獲頒這項最高的終身成就獎（Lifetime Achievement Award）。他們所有人在生活中都身兼藝術指導、業務員、思考者、與革新者的角色，而更重要的是——他們都是藝術家。

就如同喬治‧桑塔亞納（George Santayana）所寫道：「沒辦法銘記過去的人，註定日後將重蹈覆轍。（Those who cannot remember the past, are condemned to repeat it.）」
你不知道過去，就沒辦法創造未來。

藝術指導名人堂獎座：由一個可互動的「A」（一個錐形體）和一個可移動的「D」（與錐體的外圍相合）組成，由喬治‧路易斯與金‧費德里科（Gene Federico）所設計，一九七二年

118.
「如果你作對了，
它就會永垂不朽。」

馬西莫‧維格涅里（Massimo Vignelli），設計師

一九六○年代中期，馬西莫‧維格涅里和我正當三十出頭歲，我們都注意到了、也都非常欣賞對方的作品。有一回我們討論起各自的設計手法時，維格涅里總結了他自己的生活價值觀，他說：「喬治，一件事如果你把它作對了，它就會永垂不朽。」過了將近五十年後，這位傳奇的平面設計、室內設計、與產品設計師，和他的終身伴侶兼事業夥伴蕾拉（Lella），一同為羅徹斯特理工學院（Rochester Institute of Technology）的「維格涅里設計研究中心（Vignelli Center for Design Studies）」剪綵開幕。這間機構由他所設計，主要致力於取得現代設計大師的文件檔案並進行相關研究。

維格涅里中心收藏了我在一九六八年為《君子》雜誌設計的封面，封面上是繼小羅斯福總統之後，三位最令人感到痛惜的美國人。形象美好、有如聖者般的約翰‧甘迺迪（John F. Kennedy）、羅伯特‧甘迺迪（Robert F. Kennedy）、與馬丁‧路德‧金博士（Dr. Martin Luther King, Jr.）彷若重生、並殷殷守護著阿靈頓公墓（Arlington Cemetery），這如夢一般的墓誌銘正為美國的良善被謀殺哀悼著。馬西莫‧維格涅里是對的：把事情作對了，它就會永垂不朽。

119.
「缺乏勇氣讓這個世界少了許多天才。」
席德尼‧史密斯（Sydney Smith），英國作家

韋伯字典（Webster's Dictonary）裡最振奮人心的部份就屬「勇氣（courage）」這個字的釋義了：表示有對抗危險、恐懼、或艱困的無比決心……在面對危難或極端困境時有不畏縮退卻的堅毅精神……能夠堅守立場、為個人信念而戰。縱然再有天份，軟弱的創意人格終究無法位列諸神，因為膽怯只會造就平庸而已。畏戰怕事「讓這個世界少了許多天才」。

不畏艱難險阻也不惜任何保護的代價、一切只為創作出最好的作品，這種勇氣不是靠大腦想出來的……它會從你的內心深處與靈魂油然而生。

在我獲得的諸多獎項之中，我最珍視的是這個刻有聖喬治（Saint George）屠龍的「英王喬治五世一次世界大戰勝利紀念章（King George V WWI Medal）」。一九七九年，我在LPG廣告公司的同事們體貼地選在我二十歲的兒子——哈利‧喬（Harry Joe）——過世週年忌的時候致送這個勛章給我，他們還附上了題詞——「這個勛章獻給我們勇敢無懼的領導人」。這個獎章是為了要表揚我帶著威廉‧沃茲渥斯（William Wordsworth）所說的「面對莫名悲劇的勇氣與振作的精神（heart and buoyant spirit in the face of an inexplicable tragedy）」，仍然對創作最傑出的廣告作品堅持不懈。

120.
你是你命運的主宰：
你是你心靈的首領。

縱然會有意外僥倖、也或許會遭逢時運不濟，但我還是相信人可以決定自己的命運，決定他們會過什麼樣的家庭生活、他們的信仰價值、以及他們會創作出什麼樣的作品。你當然也可以決定沒有任何人能讓你作出糟糕的作品！商業世界裡多的是老愛唱反調、俗不可耐的傢伙。但假使你把事情作對作好，「他們」就不能阻擋你追求你的至樂，不能阻擋你展現你的天賦，不能阻擋你實現你的天命。絕對不能。

傳奇的南非反種族隔離鬥士納爾遜·曼德拉（Nelson Mandela）被監禁在羅本島（Robben Island）與波斯穆爾（Pollsmoor）監獄的二十七年期間，經常向獄友讀誦英國詩人威廉·恩涅斯特·亨利（William Ernest Henley）於一八七五年寫下的經典詩作《永不屈服》（Invictus，拉丁文），讓詩中自我主宰的信念帶給所有人力量。

暗夜籠罩我身
漆黑猶如密佈陷阱
我感謝諸神
賜我永不屈服的心靈

險境對我伸出魔爪
我未曾退縮號泣
機運給我無情打擊
我鮮血淋漓，但絕不把頭低

越過悲憤交集之地
恐懼的陰影正悄然進逼
然而咄咄歲月
終將發現我無所懼

縱使前路難行
罪罰滿紙塗地
我是我命運的主宰
我是我心靈的首領

莫赫摩德・費米・阿赫博士（Dr. Mehemed Fehmy Agha）

索爾・巴斯（Saul Bass）

赫伯特・貝爾（Herbert Bayer）

雷斯特・比爾（Lester Beall）

阿雷克希・布羅多維克（Alexey Brodovitch）

A .M.卡頌（A. M. Cassandre）

威廉・戈爾登（William Golden）

亞歷山大・利柏曼（Alexander Liberman）

雷蒙德・洛依威（Raymond Loewy）

赫伯特・麥特（Herbert Matter）

厄爾文・潘恩（Irving Penn）

保羅・蘭德（Paul Rand）

布萊德柏瑞・湯普森（Bradbury Thompson）

與我同時代的佼佼者：

艾文・薛爾梅耶夫（Ivan Chermayeff）

盧・多爾夫斯曼（Lou Dorfsman）

金・費德里科（Gene Federico）

鮑伯・蓋吉（Bob Gage）

鮑伯・吉爾（Bob Gill）

赫爾穆特・克隆Helmut Krone）

赫伯・盧巴林（Herb Lubalin）

東尼・帕拉迪諾（Tony Palladino）

比爾・陶賓（Bill Taubin）

馬西莫・維格涅里（Massimo Vignelli）

亨利・沃爾夫（Henry Wolf）

弗瑞德・伍德沃爾德（Fred Woodward）

我很自豪能將這本書獻給以上二十五位傳播大師。

非常感謝亞曼達・瑞恩蕭（Amanda Renshaw）促成這本書的誕生、以及維多利亞・克拉克（Victoria Clarke）一流的編輯工夫。

我要向我的兒子路克・路易斯（Luke Lois）表達我的摯愛與激賞，他在我身邊設計了這整本書。

除了特別提及的部份之外，所有圖像都由喬治・路易斯所提供。任何疏失缺漏將會在之後的版本中修訂。

攻敵必救的大創意！

(喬治·路易斯寫給有天賦的你！)

DAMN GOOD ADVICE
(FOR PEOPLE WITH TALENT!)

作　　者／喬治·路易斯（George Lois）
譯　　者／林育如
責任編輯／賴曉玲
版　　權／吳亭儀、翁靜如
行銷業務／闕睿甫、王瑜
總 編 輯／徐藍萍
總 經 理／彭之琬
發 行 人／何飛鵬
法律顧問／元禾法律事務所 王子文律師
出　　版／商周出版
地址：台北市中山區104民生東路二段141號9樓
電話：(02) 2500-7008　傳真：(02)2500-7759
E-mail：bwp.service@cite.com.tw
發　　行／英屬蓋曼群島商家庭傳媒股份有限公司城邦分公司
台北市中山區104民生東路二段141號2樓
書虫客服服務專線：02-2500-7718．02-2500-7719
24小時傳真服務：02-2500-1990．02-2500-1991
服務時間：週一至週五09:30-12:00．13:30-17:00
郵撥帳號：19863813　戶名：書虫股份有限公司
讀者服務信箱：service@readingclub.com.tw
城邦讀書花園：www.cite.com.tw
香港發行所／城邦（香港）出版集團有限公司
香港灣仔駱克道193號東超商業中心1樓
E-mail：hkcite@biznetvigator.com
電話：（852）25086231　傳真：（852）25789337
馬新發行所／城邦(馬新)出版集團
Cité (M) Sdn. Bhd.
41, Jalan Radin Anum, Bandar Baru Sri Petaling,
57000 Kuala Lumpur, Malaysia
電話：（603）9056-3833　傳真：（603）9056-2833
設　　計／張福海
印　　刷／卡樂彩色製版印刷有限公司
總 經 銷／聯合發行股份有限公司
地址／新北市231新店區寶橋路235巷6弄6號2樓
電話：（02）2917-8022
傳真：（02）2911-0053

國家圖書館出版品預行編目(CIP)資料

攻敵必救的大創意！（喬治·路易斯寫給有天賦的你！）/ 喬治·路易斯(George Lois)著；林育如譯. -- 初版. -- 臺北市：商周出版：家庭傳媒城邦分公司發行, 2018.04　面；公分
譯自：Damn good advice (for people with talent!) : how to unleash your creative potential by America's master communicator
ISBN 978-986-477-434-0(平裝)

1.廣告文案 2.廣告寫作

497.5
107004450

■2018年04月26日初版
定價／360元
ISBN 978-986-477-434-0

Printed in Taiwan

著作權所有．翻印必究

Original title: Damn Good Advice (For People With Talent!) © 2012 Phaidon Press Limited. This Edition published by Business Weekly Publications, a division of Cite Publishing Ltd. under licence from Phaidon Press Limited, Regent's Wharf, All Saints Street, London, N1 9PA, UK, © 2017 Phaidon Press Limited. All rights reserved. No part of this publication may be reproduced, stored in a retrieval system or transmitted, in any form or by any means, electronic, mechanical, photocopying, recording or otherwise, without the prior permission of Phaidon Press.